Premiere Pro で
日常の記録を映画のように

JN073237

『おしゃれなライフスタイル動画撮影＆編集術

Vlog by sueddu』サポートページ

## http://www.bnn.co.jp/specially/vlog-by-sueddu/

上記の URL に、本書に関連する情報をまとめました。
▶ 付きで紹介している手順の参考動画やダウンロードできる
サンプル動画のリンクを貼っておりますので、参考にしていただ
ければ幸いです。

Vlog by sueddu

By sueddu (Haeri Park)

Copyright © 2020 sueddu (Haeri Park)

All rights reserved

Japanese language copyright © 2021 BNN, Inc.

Japanese translation rights arranged with CYPRESS

through Eric Yang Agency, Inc

■本書は 2020 年に韓国語で出版された原書を翻訳し、一部の内容を加筆・修正しています。

■読み方や著者からの註は（）、翻訳者及び編集者からの註は〔〕で追記しています。

■原書の韓国語版は 2020 年出版のため、Premiere Pro CC2019 英語版を使用して執筆されていますが、本書は
　2021 年 7 月時点で最新版である Premiere Pro CC2021 日本語版を使用し、内容を一部変更しています。バージ
　ョンアップが行われた場合、各部の画面や操作が異なる場合があります。

■本書の情報は 2021 年 9 月時点のものです。値段やインターフェイス、各種機能などは変更になる場合があります。

■本書に記載されている内容は、情報の提供のみを目的としており、著者独自の調査結果や見解が含まれています。

■本書の運用は、お客様自身の責任と判断により行ってください。運用の結果や影響に関しては、株式会社ビー・
　エヌ・エヌおよび著者は責任を負いかねますのでご了承ください。

■Adobe、Adobe Premiere Pro は、Adobe Systems Inc. の各国における商標または登録商標です。

■その他に記載されている商品名、システム名などは、各社の各国における商標または登録商標です。

■本書では、™、®、© の表示を省略しています。

■本書では、登録商標などに一般に使われている通称を用いている場合があります。

# おしゃれなライフスタイル
# 動画撮影&編集術

Vlog by sueddu

sueddu（シュットゥ）著

# プロローグ

YouTuber。近ごろの私たちには、すっかり耳になじんだ言葉です。

　今や YouTuber は、小学生の将来なりたい職業の上位にランクインし、動画をアップする人を指すだけでなく、新たな1つの職業を意味するようになりました。誰もが簡単に動画をアップし全世界の人々と共有できる YouTube のおかげで、まさに「一人メディア」の世界が広がっています。

　ただ、やる気満々で気軽に始めてはみたものの、スランプに陥り耐えられずやめてしまう人が多いようです。私も、始めさえすればきっとうまくいくと思っていたのに、チャンネル登録者数も再生回数も増えずがっかりした経験があります。気軽に誰でも始められるだけに、すでに多くの人が参入している「レッドオーシャン〔競争相手がひしめき激しい競争状態にある既存市場〕」なので、今から始める人たちがチャンネルを育てるのはなおさら大変です。何しろ似たようなチャンネルがあまりに多いですから。

　しかし「レッドオーシャン」であっても YouTube 市場は巨大なので、まだまだチャンスはいくらでもあります。2年もの間ずっと鳴かず飛ばずだったのに、ある瞬間に登録者数 100 万人を擁するチャンネルになることもあるし、開始早々1ヶ月で収益を創出する YouTuber や、ある動画が大ヒットして突然飛躍するチャンネルもあります。他とは違うユニークなアイデアで初めから注目を集めるチャンネルもあるでしょう。実際 YouTube をやり続けるにはある程度の計画も必要ですが、運も大事です。だから最初からチャンネルを成長させようと焦らずに、「自分の日常を記録

するチャンネルを1つつくってみよう」という気軽な気持ちで始めれば、負担を感じることなく楽しく動画をつくれると思います。

　この本では、動画づくりのための編集ソフトの使い方を説明するだけでなく、カメラの種類や自分に合ったカメラの選び方、マニュアルモードの活用法なども含め、まったくの初歩から始めて、チャンネル運営に必要なアドバイスに至るまでトータルに扱いました。もちろんYouTuberになるために欠かせない事前の計画や、重要なポイントも盛り込んでいます。YouTubeについて何の情報も持っていなかった人でも、この本一冊でYouTuberになれるように本をつくりました。

　YouTuberになってから、私の暮らしは大きく変わりました。得がたい経験をして、できることの幅が広がり、人との出会いも増えました。本も何冊か出し、講演もしています。YouTubeの波及効果の大きさを、日々切実に感じています。皆さんが、自分にしか撮れない動画を撮って編集し、アップして、自分の新しい一面を発見するとともに、チャンスがどんどん広がっていくことを願っています。

*記録は、動画のようにみずみずしい記録ならなおさら、*
*強い力を持つのです。*

本格的な内容に入る前に、
YouTuber と YouTube についての疑問にお答えして、
ぜひ知っておいてほしいことをお話ししたいと思います。
これまで私が何度も受けてきた質問や、
YouTuber についての私の考えなどです。

Q．どんなカメラを使っていますか？ 良いカメラを買わないといけませんか？

A．キヤノン EOS R を使っています。でもそれまでの 5 年間は、同じくキヤノンの EOS 70D を使っていました。普及機に分類されるカメラですね。カメラを持ち歩くのが煩わしい日にはスマホやデジカメを使うこともあります。いかにいいカメラを使うかということよりも、誰が撮ったかということの方が重要だと思います。撮影についての理解があって、愛情を込めた目線で撮るなら、どんなカメラを使おうと関係ありません。実際、動画撮影ができればどんなカメラでも大丈夫です。

Q．動画編集ソフトは何を使っていますか？

A．私は Adobe Premiere Pro CC 英語版を使っています。この本〔原書の韓国語版〕を書いた 2019 年当時は、Adobe Premiere Pro CC 2019 英語版を使っていました。〔日本語版の本書では、Adobe Premiere Pro CC2021 日本語版を使用しています〕本書では Premiere Pro を使った動画編集の方法をお伝えしようと思います。編集ソフトは必ず正規版を使ってくださいね。海賊版など、違法な経路で入手したソフトはアップデートができず機能に不足も多いです。

Q．パソコンのスペックが良くないといけませんか？

A．これは、はっきりお答えできます。はい、その通りです。オフラインで動画の講座を開催すると、授業に文書作業用ノートパソコンを持って来られたり、購入後 5、6 年経ったノートパソコンをお持ちになる受講生がいらっしゃいます。動画はデータ容量が大きく、編集ソフトの Premiere Pro も決して軽くはないので、スペックの低いノートパソコンでは動画の編集が難しいのです。できないというわけではありませんが、動画が途切れ途切れになって確認が大変だったり、頻繁に止まったりします。パソコンの熱暴走と騒音がひどくなるといった問題もあります。

Q．YouTube をどのようにして始めましたか？

A．2021 年時点で、YouTube チャンネルを開設してから 3 年ほどになりました。始めた頃は、もうすでに広告もついているし、有名な YouTuber がたくさんいて、テレビのバラエティ番組にも出ていました。だからといって「私も YouTuber にならなくちゃ」なんて全然思っていませんでした。初めて動画をアップしたのは純粋に趣味でした。動画を撮ったことも、編集したこともなかったので、一度やってみようというくらいの気持ちで編集を独学で学んで、短い動画を YouTube にアップしました。思ったより反応が良くて、チャンネル登録者が増えて来ると、YouTube に興味がわいてきました。そうこうしているうちにここまで来たという感じですね。

Q．今の仕事を辞めて YouTube だけで生きていってもいいでしょうか？

A．絶対だめです。知り合いだったら必ず止めます。メディアでは成功した何人もの YouTuber に集中的にスポットをあてて、まるで YouTuber になりさえすれば、すぐにお金を稼いで快進撃できるかのように伝えていますが、大部分の YouTuber は、とても YouTube 収入だけで生活していける状態ではないということを肝に銘じてください。私もチャンネル登録者数が 90 万人を超える YouTuber ですが、再生回数で創出される純粋な広告収入は 200 万ウォン台〔20 万円台〕そこそこです。専業 YouTuber を考えるにしても、チャンネルがある程度成長して安定してからでも決して遅くはありません。

Q．YouTuber は誰でも大金を稼げるのですか？

A．この質問への答えもやはり「いいえ」です。YouTube を通じての広告収入は、再生回数、視聴者層、平均視聴時間、動画の長さと内容、広告の種類など様々な要素により決まります。

　YouTube ブームが起こるとともに、しっかり収益を得た YouTuber が収入公開動画を撮り「YouTuber になると少なくても月に何百万ウォン〔数十万円〕は稼げる」といった話を既成事実化してしまったのですね。YouTuber の収入を検索できるサイトまで現れています。

　そういったサイトでは、私のチャンネルの収入は月に 700 万ウォン〔約 70 万円〕程度と分析されていますが、実際の収入はその 3 分の 1 程度です。もちろん、すべての動画の再生回数が多かったり、週に 3 本以上の動画を投稿していたりすれば、収入はもっと多くなります。しかし、一般的には、YouTube の再生回数から得られる収入は、人々が期待するほど大きくはありません。その代わり、私は YouTube を通して付随的に創出する収入で生計を立てています。ブランドとの提携などです。

# Part 1

# Vlog まるわかり

自分だけの Vlog（ブイログ）を撮影する前に
Vlog のことを詳しく調べてみましょう。Vlog と
は何なのか、人気がある Vlog を分析して自分の
強みをいかしたチャンネルをつくる方法、ター
ゲット設定とそれに合わせた戦略など、Vlog の
全般的なことを学びながら、あなたならではの
Vlog をつくるための準備をしましょう。

# 趣味

# オンザテーブル

#インドア派

#あらすじ

# Vlogとは?

♂  Vlogとは何なのか正確にご存じですか?
    同じ動画でもVlogのことをちゃんと知ったうえで、
    その特性に合う戦略を立てなければなりません。

*about Vlog*

Vlogはビデオ（Video）とログ（Log）の合成語です。動画全盛期以前にはやったのが、同様の合成語のブログ（Blog=Web+Log）ですから、Vlogとは簡単に言えばブログを動画で表現するものだと思っていただいてかまいません。ブログにアップされている文章を見てみると、おそらくそのほとんどが個人的な内容だと思います。

だからなのでしょうか、YouTube動画には日常生活、レビュー、旅行、ニュースなど多様な分野のテーマがある中で、一般的にVlogの内容は日常生活を扱ったものがほとんどです。

ごはんを食べ、服を選び、外出の準備をして、友だちに会ってかわいい空間を訪れることもあるでしょう。ブログやInstagramの写真で見るより、動画で見る方が、他人の日常はよりいきいきとしていて、親しみを感じるみたいです。Vlogは、いまやFacebookとInstagramに続くソーシャルメディアと言えます。YouTubeチャンネルの他のテーマよりも私生活をオープンにすることで、YouTuberと視聴者の距離が縮まって持続的な関係を結べるようにもなりますよね。そのせいだと思いますが、Vlogを撮るVlogger（ブイロガー）だけでなく、Vlogを視聴する視聴者も女性が多いようです。

Vlog とは何か、そして Vlog のつくり手と受け手のことがわかったので、ここからは動画をつくるときに考えなければならない点をもう少し具体的に見ていきましょう。

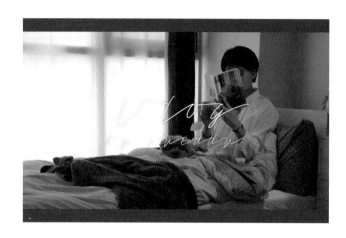

# 人気Vlogを分析し、自分だけの強みを いかしたチャンネルをつくる

Vlog をどんな内容でつくりますか？
視聴者の関心を把握する方法とともに、
自分のチャンネルを差別化する方法も探ります。

どんな分野でも流行があるように、Vlog にも流行があります。初期には美容関連のレビュー、化粧品やブランド・バッグの新品開封、自身が化粧をして服を着る場面を見せる「GRWM（Get Ready With Me ／私と一緒に準備しましょう）」などの人気がありましたが、最近ではミニマリズム、掃除、自己啓発、ヘルシーな暮らしなどが関心を集めるテーマのようです。

「一人メディア」は企画から演出、撮影、編集までほとんどすべてを自分でこなさなければならないので、最近のトレンドをしっかり把握しておくのは、かなり大事なことだと思います。

私が行っている方法は2つあります。1つは、YouTube の検索ボックスを活用する方法です。例えば、チェジュ島旅行の動画をアップする予定の場合、YouTube の検索キーワードに「チェジュ島」と打ち込みます。そうすると右のようにチェジュ島の関連検索ワード

| チェジュ島 |
| --- |
| チェジュ島 方言 |
| チェジュ島 vlog |
| チェジュ島 海 |
| チェジュ島 留学 |
| チェジュ島 ホテル |
| チェジュ島 買い物 |
| チェジュ島 サムギョプサル |

が表示されます。これらは、多くの人々が検索しているキーワードなわけですから、これを参考にすると、動画をどんな方向性でつくるか、どんな

Google トレンド（https://trends.google.com）

キーワードを使ってタイトルを付けるかなど、考えをまとめていくのに役
立ちます。

　2つ目は、「Google トレンド」を使う方法です。今年トレンドになって
いるキーワードは何なのか、あらゆる分野を総合して人気があった検索
キーワードは何だったのかを確かめることができますし、あるテーマを検
索すると、そのテーマに関連する検索キーワードをランキング順に見るこ
ともできます。国別、期間別の検索もできるので、詳しく調べることがで
きますよ。

　ここまでは動画を撮影するとき参考にしなければならないトレンドの話
でした。次は、人気がある Vlog の「特徴」を調べてみましょう。これま
でお話ししたトレンドをはずさないのは一番の基本です。これに加えて、
その人らしい「特徴」がなければなりません。

　ある Vlog では、何か特別のことが起きるわけでもない物静かで穏やか
な日常が 20 分間流れます。騒がしくはないし再生時間が長いので、他の
ことをしながらでも流したままにしておくことができて、いつでも気軽に

見られるというのが特徴です。別のある Vlog は、内容的には他の人と変わらないのに、映像がものすごく美しく撮影されていて、その映像美が好きだという視聴者が集まっています。

　さらに別の Vlog では、常にプッと吹き出してしまう笑いのツボがあって、笑える動画が好きな人なら気に入るはずです。あるいは、ある種の人たちは職業や生活環境が特異なので、日常 Vlog を撮ること自体で差別化をはかれます。会社員の日常よりも弁護士の日常や医者の日常、キャビンアテンダントの日常の方が気になるし、韓国の生活 Vlog よりもイギリスで暮らす留学生の 1 日や、オーストラリアのワーキングホリデー Vlog、タイでひと月暮らしてみた、というような動画の方が視聴者の興味を引くからです。

　実際に数十万人のチャンネル登録者を保持し、良い評価を受け続けている YouTuber たちを見ると、コメントの書き込みの中にその人の強みを見つけることができます。「動画の色感がとてもいいです」とか、「声がすてきなのでずっと見続けています」「BGM の選曲がいつも気に入っています！」といったコメントです。自分だけの強みをいかしてこつこつ続けていくと、その部分を好きな人たちが集まるようになって、やがてはこれが自分にとっての強固な地盤になるのです。

　自分にはどんな差別化ができるか、一度じっくり考えてみてください。必ずしも大げさなことじゃなくても大丈夫ですから。

# 撮影プランを立てる

♂ どんな動画をどうやって撮るかモヤモヤしたら、
簡単なメモをつくることから始めましょう。

この本を買って読んでくださっている皆さんなら、動画の完成度にもこだわりたいですよね。みんなが撮るようなありきたりの動画ではなく、よりおしゃれでプロっぽい動画。

プランを立てずに動画を撮影するのは、かえって時間がかかります。せっかく撮影を終えて編集しようと思ったら、撮り残した場面があったりもします。

私は一本の動画をつくる前に、メモ帳にどんな場面をどんな順番で撮影するのか、必ず書いてから始めています。どんな動画を撮るのか初めから終わりまでひと目でわかるので、時間を効率的に使うことができます。

〈 メモ ⊙

Eng/久しぶりに日常Vlog ✨ フリーランスの一週間

✅ ベッドを整える場面から始める（マットレス）

✅ ベベと遊ぶ様子

✅ 扇風機を分解してしまう

✅ ロボット掃除機が回る

✅ 朝食 − ベーグル、クリームチーズ、サーモン＆茶

✅ 栄養剤を飲む

✅ 服を着替えて出かける様子

✅ ソウルで友人と会いカフェへ

✅ 麻婆豆腐

✅ ベベを抱いて寝る

✅ 朝食 − サラダ

✅ Anthracite（カフェ）

✅ Siriに話しかける

✅ 運動

✅ CLASS101

以前、動画を撮る友人と一緒に旅行した時のことです。二人とも一日中カメラを手に動画を撮ったんです。ところが、夕方になってその友人に「あなたはあまり撮らないのね」と言われてしまいました。

　旅行のように連日動画を撮らなければならない状況だと、すべての日にメモに取るのは大変ですよね。こういうとき、私は頭の中で一度動画の流れを思い描いてみます。何も考えずに撮るより、はるかに効果的だからです。

　こうすると「ただかわいいから撮ってみた」というような動画はなくなるでしょう。私が確かに必要とする動画だけを撮ることになりますよね。一週間の旅行をした後に、700個ほどの動画クリップが溜まっていることを考えてみてください。こんなにたくさんの動画全部をいつ見て編集すればいいのでしょうか？

　やみくもに録画ボタンを押す前に、この動画は本当に使うことになるのか、前後のどんな動画の間に入れるのか、少し考えてみてください。

# Sueddu Plus Tip #1

## どんな人が私のVlogを見ているか？

自分の強みを把握できたら、さっそく撮影に入りたいですよね。でも撮影、あるいは撮影プランに突き進む前に、次のことを見落とさないでください。それは、ターゲットの設定です。日々数え切れないほどの動画がYouTubeであふれるほど流れていますが、その中で人々の目に留まろうと思ったら、自分の動画をうまく売り込む戦略が必要です。まさに日常のマーケティングが必要なのです。

about Vlog

　私が動画の講演をする中で出会った、記憶に残る2つの事例を紹介しましょう。

　1つ目は、YouTubeチャンネルを育てる方法について講演を終えた時のことでした。ある方が、自分はどうしてこうも再生回数が増えないのかわからないと言いながら、ご自身の動画を見せてくれました。そしてその動画を見た私は本当に驚きました。私がこれまでにYouTubeで見たあらゆる動画の中で最も完璧なものだったからです。カメラも良いものを使っていることがわかるし、構図、感性、色感、音楽……何1つ欠けているものはないのです。

　でもたった1つ引っかかったのは、質問者の40代男性の方が動画の中に直接出演されている点でした。動画は本当に穏やかでおしゃれなので、20代女性が好みそうな雰囲気なのですが、途中でおもむろに40代の男性YouTuberが登場して話し出すと、視聴者の立場からすれば、せっかく動画にうっとりして夢中になっていたのに、一気に興ざめしてしまうと思ったのです。私も動画を見るときは、自分と同代の女性YouTuberを探しますし、年齢も性別も異なるYouTuberの動画はあまり見たいとは思わないものです。

仮にこの動画にご本人が出演されず、映像美だけで勝負していたら少し
は結果が違っていたのではないかと思います。女性ではなく男性向けのチ
ャンネルをつくりたいのであれば、このようなおしゃれな動画ではなく、
ご自身がお持ちの良い装備を利用してテクニックの紹介をしたら良かっ
たのではないでしょうか。

　2つ目は、また別の講演の時でした。先ほどの話と同様に、自分のチャ
ンネルの問題点が何なのか一度見てくれと頼まれたのです。今回は教育用
の動画でした。学校で使われる様々な科学キットやロボットなどがテーマ
でした。動画のタイトルやサムネイルも全部よくできているチャンネルで
したが、問題点は対象とする視聴者が明確化されていないことでした。

　「ロボットサッカー」がテーマだというのに、動画の初めからロボット
が動く原理の説明が延々と続き、ようやく最後にほんの少し実際のロボッ
トサッカーの様子を見せたと思ったら、硬い表情の先生が登場して、「今
日は動画を楽しくご覧いただけましたか」と言って終わる、というつくり
でした。

　例えば子どもたちを対象にしたチャンネルにしたいなら、理論ではなく
ロボットがサッカーをおもしろくプレーする様子を最初に持ってくる方
がいいと思います。特に子どもたちの場合は、興味がなければすぐ目が他
に移ってしまうからです。また、最後はこわもての無表情な姿ではなく、
声のトーンを一段高くして明るく元気いっぱいの笑顔で話したら、もっと
良くなりますね。先生方を対象とするチャンネルにしたいなら、理論的な
内容をもっとすっきり整理して専門性が高く見える工夫が必要だと思い
ます。ところが、このチャンネルは、視聴者が子どもと教師の間を右往左
往しているように見えたのです。

<u>　　　　自分が撮る動画を、どんな人たちに見てほしいか、
　　　　その人たちが自分の動画を好きになってくれるか、
　もしそうならないとしたらどんな戦略が必要か、あらかじめ考えておいて、
　　　チャンネルを開設すれば、きっと大きな力になるでしょう。</u>

# おしゃれな動画を撮る

このパートでは、よく知っておいてほしいカメラの使い方と、撮影の結果を大きく左右する様々な設定値について学んでいきます。ちょっとしたディテール1つで動画はとても違った味わいを持つようになるものです。では、おしゃれな動画を撮りに出かけましょう。

# カメラ

# 日常

# 自然光

# 決定的瞬間

# 自分に合った
# カメラを選ぶ

YouTube をやっていて一番多く受ける質問は何といっても
「sueddu さんはどんなカメラを使っていますか？」です。
実をいうと、私はカメラがそれほど重要だとは思っていません。
どんなカメラを使うかよりも、誰が撮るかということの方が、
結果にはより大きな影響を及ぼすと思っています。
自分の状況や好みと予算などを考えて、
自分に合ったカメラを選ぶのが良いと思います。

　ビデオカメラを除くと、動画を撮るカメラは大きく分けて 4 種類です。
スマートフォン、コンパクトデジタルカメラ、ミラーレスカメラ、一眼レフカメラ。
この 4 つの特徴と長所・短所を整理してみましょう。

① スマートフォン
　　長所：軽くて、気軽に持ち運べる。手軽に撮れるし、操作は簡単。
　　短所：カメラに比べ機能と画質が劣る。

② コンパクトデジタルカメラ
　　長所：カメラの中では軽くて携帯性が優れている。
　　短所：レンズ交換ができないので、画角など制限が多い。

③ ミラーレスカメラ
　　長所：一眼レフに比べて軽い。レンズ交換が可能。最近では一眼レフ
　　　　　より機能の優れた機種が増えた。
　　短所：ビューファインダーがない。

④　一眼レフカメラ
　　長所：多様な機能とレンズを使うことができ、カメラのボディも頑丈。
　　短所：かさばる、重い。


　ミラーレスカメラの短所にビューファインダーがないという点をあげました
したが、これも最近ではかなり補完され、短所というほどではなくなりま
した。以前は、一眼レフカメラに比べ機能が劣り、グリップ力が足りない
といった点が短所でしが、最新ミラーレスはフルサイズ、4K 撮影までサ
ポートし、もはや一眼レフを超えています。というわけで、ミラーレスの
利用者数は、一眼レフ利用者数よりもすでに多くなっています。


　カメラの種類の長所・短所を比べてどの種類を買うか決めたら、次はメー
カー選びです。キヤノン、ソニー、ニコン、パナソニック、富士フイルム
……、キヤノンは赤の色味が強く、富士フイルムは人物写真が得意で、ニ
コンはシャープな描写が良いといった話を聞いたことはありませんか？
このように各メーカーごとに特徴がありますから、気になるメーカーのカ
メラで写真や動画を撮ったとき、どんな感じになるのか、口コミを参考に
決めるといいです。


　メーカーが決まれば、最後は予算です。ボディとレンズを含めて購入で
きそうな価格帯を絞り込み、その価格帯の中から買えるカメラを決めると
いいでしょう。モデル名をネットで検索すれば、同レベルの他社モデル名
が関連検索ワードに出てくるので、比べてみるのも 1 つの方法です。
　ここまでカメラの話ばかりしてきましたが、カメラにそれほど大きな関
心がないなら、スマートフォンで動画を撮影するのも OK です。最近はス
マートフォンだけできれいな動画を撮ってアップする YouTuber もかなり
いますから。スマートフォンの撮影に関しては P.72 の「良いカメラがな
くても大丈夫」で詳しく説明しますね。

# 映画が美しく
# 見えるわけ

タイトルを「映画が美しく見えるわけ」と、
ちょっと大げさにつけましたが、実は思ったよりも簡単に、
映画の撮影に使われている技法をまねすることができます。
たった3つのことを知っていれば十分なのです。
画角、被写界深度、そしてマルチアングル撮影の3つです。
被写界深度は P.36、マルチアングル撮影は P.56 でそれぞれ詳しく
説明しますから、ここではまず画角について説明します。

Shooting Video

　画角の辞書的な定義は「画面に写る範囲をカメラの位置から見た角度で表したもの」です。言葉通り、カメラがどの角度までを1つの画面に収めることができるかを意味します。この画角に応じて広角、標準、望遠など、レンズが分類されます。

　広い画角でシーンの多くの要素を一挙に捉えるなら広角、画角が狭く中心部にある被写体だけを強調して撮るなら望遠、人間の視野角と同じくらいなら標準です。カメラのレンズでは角度よりも、むしろ焦点距離という単位を使います。焦点距離が標準の50mmより小さければ広角レンズ、50mmより大きい焦点距離なら望遠レンズと区分します。

　例えば、レンズに 10-18mm と表示されていたら、焦点距離が 10mm から 18mm まで使用可能なズームレンズという意味で、50mm より数字が小さいなら広角レンズです。例えば 85mm レンズは、ズームではない単焦点レンズで、50mm より数字が大きいので望遠レンズです。こういう単語に慣れていない方が多いかもしれませんが、このような様々なレンズは生活の中で簡単に見つけられます。

　スマートフォンのカメラは基本的に広角ですし、不動産アプリを通じて見られる住宅写真の多くが広角レンズを使って撮影されたものです。広い

空間が1つの場面に収められていますよね。でもそうすると歪みも生じて
しまいます。きつい広角レンズを使った写真では、画像の縁の方がカーブ
するように歪みます。

　望遠は画角が狭い代わり、遠くにある物体をすごく拡大して撮ることが
できます。芸能人のコンサートに行くと見かける、いわゆる「大砲カメラ」
は超望遠レンズです。

　広々とした風景全体を撮りたいと思ったら広角を使い、風景の中の何か
特定のものだけを大きく撮りたかったら望遠を使うことになります。

広い風景を収めた広角

ある部分を拡大した望遠

　では、映画やドラマなどではどんな画角を使うことが多いでしょうか?
答えは、標準画角です。人間の目で見るのと同じような画角なので、違和
感がありません。登場人物の目線でドラマが展開していくのなら、標準画
角に勝るものはありませんね。しかも、広角レンズでは避けられない歪み
も、標準ではほとんどありません。

⬤ 広角で撮った写真

⬤ 標準で撮った写真

　上の2枚の写真のように、同じシーンなのに広角と標準では撮った結果がずいぶん違います。ですからまずは標準画角で撮影できるようになることを目指してください。カメラをすでにお持ちの方は、45〜55mm程度の画角のレンズを使うことをおすすめします。

　画角の説明をしながらレンズの種類について触れたので、レンズについてもう少し説明しましょう。レンズは大きく分けると2種類あります。ズームレンズと単焦点レンズです。前に説明したように、ズームレンズは拡大が可能なレンズで、単焦点レンズは拡大できない、決まった画角でしか撮影できないレンズです。こうして見ると、当然ズームレンズの方が良いと思うかもしれませんが、単焦点レンズにも長所があります。

　単焦点レンズは1つの焦点距離に合わせるようにつくられているので、ピントの合った画像はくっきり鮮明になります。一方、ズームレンズはい

くつもの焦点距離に合うようにつくられているので、単焦点レンズと比べると鮮明さが劣ります。1つのレンズは、実は複数のレンズを組み合わせてつくられています。ズームレンズは拡大が可能なだけに多くのレンズからできていて、その分カメラの中に入る画像が何度も屈折するので、どうしても単焦点レンズより鮮明度が落ちてしまいます。だから単焦点レンズの方が画質は良いと言われるのです。実際には、初めてカメラを買う人の多くはズームレンズを買いますが、カメラを長く使って写真と動画への理解が深まるにつれて、単焦点レンズを使うようになることが多いです。カメラマンも同じですね。

　また、単焦点レンズは、ズームレンズに比べてコンパクトで軽い上に、絞り値が小さいのが特徴です。ズームレンズでF値が2くらいになると購入をためらうほど高額になりますが、単焦点レンズではF値が1.2、1.8のレンズでも相対的にとても低価格です。F値が低いので、暗い場所でも画質は低下しないし、明るい動画を撮ることができて、ボケも表現できます。（F値についてはP.35参照）

# マニュアルモード（M）で
# カメラを200％活用する

私は動画を撮影するとき、いつもマニュアルモードで撮影します。
オートモードに比べればはるかに、思い通りの自由な表現が
できるからです。
初めは難しく感じても、何度か練習するうちにすぐに慣れますよ。
この章では、マニュアルモードについて一緒に学んでいきましょう。

まずカメラのモードダイヤルをマニュアルに切り換えてください。

これでカメラのあらゆる設定を手動で変更できるようになりました。マ
ニュアル撮影のために知っておかなければならない概念は主に次の3つ
です。

絞り（F値）、シャッタースピード、ISO感度

この3つは基本的に写真と動画の露出（明るさ）を決めます。3つの値
をどう設定するかによって画面が明るくなったり、暗くなったりします。
3つの値は、カメラのダイヤルを回すか、もしくはメニュー画面で調整で
きます。

絞りから順に説明していきましょう。

　絞りは、下の写真に見られる小さな穴です。私たちの目でいえば、瞳孔と同じ働きをします。状況に応じて穴が大きくなったり小さくなったりすることで、カメラの中に取り込む光の量を決めます。暗い場所では瞳孔が開き、明るい場所では小さくなるのと同じです。マニュアルモードでは、直接数値を入力して絞りを開いたり絞ったりします。

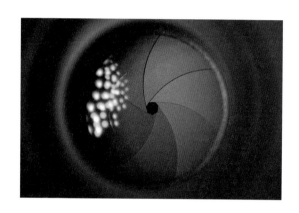

　他の値の設定が同じ場合、明る過ぎるときは絞りを絞って穴を小さくして取り込む光を減らし、暗いときは絞りを開いて穴を広げ取り込む光を増やすわけです。下の図で見ればわかるように、絞りの穴が小さいほどF値は大きくなり、穴が大きくなるほどF値は小さくなります。カメラで動画を撮る際に、画面が暗かったらF値を下げて明るくすることができます。

F1.4　　F2　　F2.8　　F4　　F5.6　　F8　　F11　　F16　　F22

絞り、シャッタースピード、ISO 感度は、露出の他にそれぞれもう 1 つの違った役割を果たしています。絞りの場合、F 値が低いほど焦点が合う領域が狭まるので、ボケを生じさせることができます。これを、被写界深度が浅いと言います。反対に F 値を大きくすると、焦点が合う領域が広がり、画面の中にあるいくつかの被写体の大部分を鮮明に撮ることができます。これを、被写界深度が深いと言います。

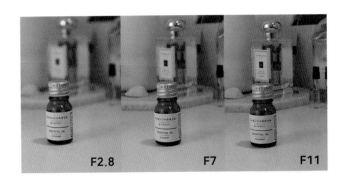

　このように、絞りによって背景の見え方が違ってきます。特定の被写体を強調したい場合は F 値を下げ、背景を含めて撮りたい場合は F 値を上げるわけです。

　一般的に人々が上手に撮れたと思う写真は、F 値が低く被写界深度の浅い写真の場合がほとんどです。写真に深みがあるように見えるし、良いカメラで撮ったような印象になります。雰囲気もいい感じになります。

　ただ、F 値を小さくしたいと思っても、好きなように下げられるわけではありません。F 値はレンズによって決まっているからです。レンズを見ると、2.8、3.5-5.6 といった絞りの最小値、つまり開放 F 値〔レンズの絞りを最も開いた状態の絞り値〕が記されています。例えば 3.5 と記されているレンズでは 3.5 より小さい F 値は使えません。3.5-5.6 のように数字が 2 つ記されている場合は「可変絞り」と言います。反対語は「固定絞り」です。可変絞りの場合、広角で 3.5 を使えますが、望遠で撮るときは 5.6 になり、

焦点距離が変わると開放 F 値も変わります。だとすると、当然、可変絞りよりも開放 F 値が変わらない固定絞りのレンズを買う方が良いと思います。

　F 値が小さいレンズを明るいレンズと言いますが、F 値の最大値はどのレンズも同じなので、できるだけ F 値が小さいレンズを購入するのがおすすめです。暗い状況でもより明るく撮ることがでるし、ボケもうまく撮れるからです。

💧 被写体を強調するため F 値を下げて撮影した写真

💧 背景全体を表現するため F 値を上げて撮影した写真

すべてのカメラのボディにはシャッターという装置があります。写真を撮るとき聞こえるカシャッという音が、シャッターが開いて閉じる音です。シャッタースピードはシャッターが開いている時間のことを意味します。シャッタースピードが速いとそれだけ光が入る時間が短いので画面が暗くなり、シャッタースピードが遅いと光が入る時間が長いので画面が明るくなります。

カメラには、❶ 30、60、125、…1000 などと表示されていますが、これは分母の数字です。❷ 60 と表示されているのは 1/60 秒という意味です。動画は何枚もの静止画が合わさったものですから、シャッタースピードにも影響を受けます。シャッタースピードがとても遅いと動画に残像がたくさん生じ、シャッタースピードがとても速いと動きが断続的で不自然な感じがします。適当なシャッタースピードは 1/fps × 2 ですが、普通 fps(P.47) は 24 か 30 ほどで使うので、シャッタースピードは 1/60 に設定しておけば、動画は最も自然な感じになります。もちろん画面がとても暗いときはもう少し遅くしたり、画面が明る過ぎるときは少し速めに設定したりしても大丈夫です。

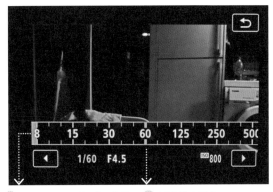

1 シャッタースピードの表示　2 1/60 秒を示す

　ISO 感度は簡単です。数字が大きくなるほど画面が明るくなるとともに画質が落ちます。画面を無理に明るくしたと考えてください。数値を必要以上に上げるほど、ノイズがきつくなり画質が落ちるのです。

　ISO 感度は 100、200、400、800、…6400 という順に上がります。800を超えるとノートパソコンなどで動画を見るときにノイズを感じるようになりますから、良い画質のためにはできれば設定は低くした方が良いです。

　さて、絞り、シャッタースピード、ISO 感度の３つのバランスが取れているかどうか、つまり、適正露出になっているかどうかは、カメラの露出インジケーターで確認できるようになっています。露出インジケーターの目盛が０（ゼロ）になっていれば適正露出、−（マイナス）になっていると露出アンダー、＋（プラス）だと露出オーバーと言います。ご自分のカメラで被写体をとらえながら、適正露出になるよう３つの数値を変えてみてください。

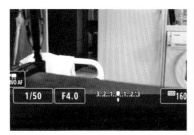

　シャッタースピード 1/50 秒、絞り（F 値）4.0、ISO 感度 1600 で適正露出に設定

　このように文章で説明すると複雑ですから、直接カメラを手に取って試してみましょう。

撮影環境は同じです。午前。室内。
私はコップを撮ってみますね。

シャッタースピード 1/60 秒、絞り（F 値）2.8、ISO 感度 800 に設定

　まず背景をぼかしたかったので、F 値を 2.8 に下げました。シャッター
スピードは 1/60 秒のままにしました。こうして撮った写真はかなり明る
い感じがしたので、ISO 感度を下げて 200 に設定しました。800 と比べて
みて違いがわかりますか？

上の写真と同じ環境で ISO 感度を 200 に設定

今度はＦ値を 11 に上げました。そうすると画面がとても暗くなるので、ISO 感度を 1600 まで上げなければなりません。こうして露出が同様に適正になりました。前の写真とは違って背景まで鮮明になりましたが、ノイズがかなり生じて画質は落ちました。

同じ環境でＦ値を 11 に、ISO 感度を 1600 に設定

　調整することが多くてめんどうに感じるなら、シャッタースピードは常に 1/60 秒に固定し、絞りと ISO 感度だけ変更することにして、練習を重ねてみてください。初めはとても難しく感じるかもしれませんが、慣れてくると、オートモードで撮るときとは違って、自分の意図通りの動画を撮影することができるようになります。

# 実際に使ってみる

#絞り

▶ ここまで絞りについて文章で説明しましたが、動画で直接お見せします。P.2 のサポートページからご覧ください。

写真でも調べてみましょう。

シャッタースピード 1/60 秒、絞り（F 値）3.5、ISO 感度 500

シャッタースピード 1/60 秒、絞り（F 値）11、ISO 感度 4000

　同じ環境の中で、F 値の大きさによって、これだけの違いが出ます。被写体だけでなく背景を見ると違いがはっきりわかるでしょう。

　絞りを調整すると光を取り込む量が変化するので、シャッタースピードあるいは ISO 感度の数値を必然的にセットで変えることになります。上の 2 つの写真の場合、F 値を上げたため光の量が減って画面が暗くなったので、ISO 感度を上げたのです。

　絞りを思い切って開放しF値を下げると、上のような写真を撮ること
ができます。一部分だけ鮮明で残りがボケていますね。

# #マニュアルフォーカス

P.2 のサポートページから、動画をご覧ください。こういう動画はたくさん見たことがあるのではないですか？
たぶん、映画やドラマ、あるいは各種 YouTube 動画で一度くらい見たことのある「効果」ですよね。
どれも撮影者が意図的にピント合わせをした動画です。
どうやって撮ったのか、写真で見ていきましょう。

## AF（オートフォーカス）

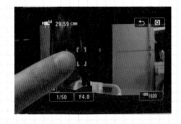

カメラの液晶モニターがタッチパネルになっている場合、ピントを合わせる位置は、画面をタッチして動かすことができます。
初めに後ろの被写体にピントを合わせておいたのを、画面の手前の被写体にタッチして録画中にピント位置を動かすのです。このとき、フォーカスの移動がうまくいくには、後ろの被写体と前の被写体の間の距離が離れていて、かつ手前の被写体がカメラと近くなければなりません。被写体がカメラからとても離れていると、ピントが移動するのが肉眼ではよくわかりません。

P.2 のサポートページから、動画をご覧ください。

## MF（マニュアルフォーカス）

カメラレンズに付いているフォーカスモード切換スイッチを MF にして、カメラメニューで設定を MF に変えると、マニュアルフォーカスを使えるようになります。この状態では、シャッターボタンを半押ししてもピントは合いません。

_Shooting Video_

レンズにあるフォーカスリングを回してピントを合わせることができます。もしフォーカスリングがないカメラだとしたら、残念ながらマニュアルフォーカスは使えません。

　　MF を使う長所は、ピントをずらしたぼかし動画を撮れることです。AF だとカメラは、どんな状況でも自動的にピントを合わせようとします。だからピンボケの写真を撮るのは困難です。ぼかし写真はピントが合っていないからこそ撮れるものだからです。

ピントがずれたぼかし写真（左）とピントが合っている写真（右）

　MF で設定した後、フォーカスリングを回してピントをずらすと、下のような写真を撮ることができます。

# 動画撮影のための
# カメラ設定

カメラをマニュアルで使う方法を学びましょう。
ここから本格的な撮影の準備をしていきます。

カメラの電源を入れて、メニューを開いてください。

　このように動画撮影の様々なモードがあるカメラの場合、動画撮影モードをまず選んでから撮影モード選択のメニューに入ると、動画関連の設定などを変えることができます。

　初めに知っておきたいのは、録画する動画のサイズです。「HD ハイビジョン」あるいは「FHD フルハイビジョン」という言葉を聞いたことはありますか？　最近ではより高画質の「4K 動画」まであるのですが、HD

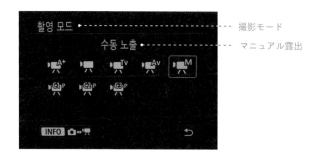

撮影モード ●------------------------ 撮影モード

수동 노출 ●------------------- マニュアル露出

INFO ○↔🎥 ↩

は画素数が横×縦＝ 1280 × 720 ピクセル、最もよく使われている FHD は 1920 × 1080 ピクセルというサイズです。最近のカメラで FHD をサポートしていないものはまずないので、FHD が一般に広く使われており、HD はほぼ使われていません。

4K は FHD 比で縦横それぞれ 2 倍のサイズですが、最近では 4K 撮影をサポートするカメラがだんだん出てきています。撮影した動画を 2 倍に拡大しても画質低下がないため商業撮影で頻繁に使われています。画質が良いかわりに、データ容量が多くなるので、編集するときも処理時間がかかることになります。それでも 4K で撮影したいということであれば構いませんが、コンピュータのスペックが高いとか、特に目的があるのでなければ、一般の動画を撮るには FHD で十分です。

　録画サイズと並んで fps という単位が見えますよね。fps は Frame Per Second の略で、1 秒当たりに撮影するフレーム〔動画のもとになる静止画像の 1 コマ 1 コマのこと〕の数のことです。動画は無数の写真の連続だと前に説明したように、例えば30fps で撮影したら 1 秒に 30 枚の静止画が記録され

標準

1920x1080 23.98fps　　　　29:59
표준 (IPB)

| ⁵4K 29.97P ALL-I | ⁵FHD 59.94P IPB | ⁵FHD 23.98P IPB |
| ⁵4K 29.97P IPB | ⁵FHD 29.97P ALL-I | ⁵HD 59.94P ALL-I |
| ⁵4K 23.98P ALL-I | ⁵FHD 29.97P IPB | ⁵HD 59.94P IPB |
| ⁵4K 23.98P IPB | ⁵FHD 29.97P IPB↓ | ⁵HD 29.97P IPB |
| ⁵FHD 59.94P ALL-I | ⁵FHD 23.98P ALL-I | |

SET OK

ているということです。すべての場面を手で描いて 1 つのアニメーション
をつくる方式〔いわゆるパラパラ漫画〕を想像してください。数十枚の絵をパ
ラパラ動かしてすばやく見せると絵が動いて見えるように、カメラで撮影
した動画も同じことなのです。私たちは知らず知らずのうちに 30fps をた
くさん使うことになるのですが、これはカメラやスマートフォンカメラの
基本設定が 30fps だからです。フレームが少なくなるほど画面が若干途切
れる感じがします。古典アニメーションの再生場面を思い浮かべてみてく
ださい。そして当然フレーム数が多くなるほど動画のデータ容量は大きく
なりますよね？

　現実的な感じではなく、シネマティックな味わいを出したいときはあえ
て 24fps を使います（24 がなければ 25 でも構いません）。実際に映画で
多く使われているフレームです。また、スローモーションにしようと思っ
たら 60 ～ 120fps で撮影します。30fps で撮った動画を 2 倍に遅く（50%）
再生すると結局 1 秒に 15 フレームが見えるわけです。動画がひどくぶつ
ぶつ途切れて不自然に感じられます。60fps で撮った動画は 2 倍、120fps
で撮った動画は 4 倍までスローモーションで再生できます。
　私は FHD、24fps で撮影しています。

Sueddu's
Tip ALL-I、IPB は圧縮方式の違いです。日常 Vlog を撮影するには、高
圧縮の IPB で十分です。1 フレーム単位で圧縮して記録する ALL-I
方式の場合、画像はより自然で鮮明になりますが、ファイルサイ
ズが大きくなるので、SD カードも別途用意する必要が出てきます。

　録画サイズの設定を終えたら、次はオーディオに移りましょう。デフォ
ルトでは録音の設定はオートになっているはずです。ところが、オートで
は音声がとても大きく録音されるという「不祥事」が発生します。音が大
きければ大きいほど雑音も大きくて、ホワイトノイズ〔すべての周波数帯に均

一に混入する雑音のことで、「サー」という音に聞こえる〕がきつくなります。そして編集するときすべての音を全部適正音量に減らさないとならなくなり、とても手間がかかってしまいます。

　今後、撮影するとき、私たちはオートではなくマニュアルで音声を録音しましょう。マニュアルを使用中に録音レベルの調整をどうすればいいか、細かいことは P.66 の「音声をきれいに録音する」で詳しく説明しますね。

　では、いよいよ本格的に撮影を始めましょう。

# 光の力

♂ 写真における照明、つまり光が占める比重は
　どれほど大きいかご存じですか？
　写真の結果を左右するほど重要な「光」について
　お話ししましょう。

　「写真：Photography」という単語の起源は「Photo：光」と「Graphy：描く」というギリシャ語から来ていることをご存じでしたか？ 2つを合わせると「光で描くもの」という意味になります。このように写真にとっては、光は何にも増して重要な存在です。光がなければ写真は存在することができません。動画も同じです。同じ被写体でも光によってどれだけ違った印象になるか、下の写真をご覧ください。

光が本当に大事だと感じませんか？

　私は動画を撮影するとき蛍光灯は絶対に使いません。蛍光灯はすべての色をくすんだ感じに抑えてしまい、画像の仕上がりがやや緑色を帯びます。特に食べ物の動画を撮るときに蛍光灯は致命的です。食べ物がまずそうに見えてしまいます。

　このように光の種類、照度、色温度によって、同じ環境でも完全に違う感じのものになってしまいます。だから私は日常 Vlog を撮影するのに、曇りや雨の日には撮影を先送りして、照りつける太陽光が訪れる日を待つこともあります。

　曇りの日には例え昼間でも、動画がどうしても暗い感じになってしまいます。特に室内撮影ではなおさらです。そうなると適正露出にするためにISO 感度を上げることになり、自ずと動画にノイズが生じてしまいます。

蛍光灯の有無により変わる色感（左が蛍光灯のもとで撮った写真）

# 簡単な照明で
# 特別な色感をつくる

光がとても重要だということがわかったら、
次は、光を利用する方法を学びましょう。
室内撮影によく使われる照明について見ていきます。

　前の章では、人工光について否定的なお話をしましたね。蛍光灯をつけるとどんなものでも色がくすんでしまうという話です。でも、そうは言っても、あらゆる人工光がだめだと言いたいのではありません。室内で撮影するとき、暗いと思ったら私も人工光をよく使います。蛍光灯ではなく、黄色い光のスタンドなどです。

私が使用するのは、電球色の電球をつけたスタンド照明です。スーパーなどでも売っている電球色の電球を使うと、こういう黄色味を帯びた照明になります。太陽光が得られない環境やすごく曇っている日には、こういう照明を使うのが良い方法です。でも自然光（太陽光）が豊富な日なら、自然光を利用して撮影するのが一番です。

　光を調節するために、知っておくべきカメラの設定は「ホワイトバランス（WB）」です。カメラのボディにあるボタンを押すか、メニュー画面で変更することができます。❶デフォルトの設定は「オートホワイトバランス（AWB）」になっているはずです。ホワイトバランスの本来の役割は、白色を白色らしく撮影できるよう助けることです。私はむしろ動画の雰囲気を良くするために応用しています。

　大部分のカメラには、特定の色温度があらかじめ設定されたプリセットがあります。「太陽光」「日陰」「蛍光灯」「白熱電球」……。❷カッコ内に書かれた数字が大きいほど画面が温かく見えるものとお考えください。例えば5300Kと書かれた「太陽光」は、画面をすべて黄色っぽく見えるようにします。

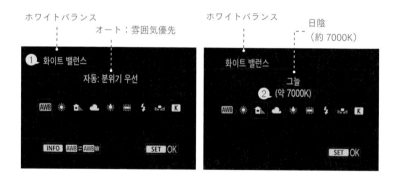

ホワイトバランス

オート：雰囲気優先

ホワイトバランス

日陰（約7000K）

　薄暗いカフェ。ずらりと並んで照明がついている。画面の中の色合いが黄色系ばかりなので、カメラは比較する対象がないため黄色を白と認識して、次のような白っぽくかすんだ写真を撮ってしまいます。

　このような場合、「太陽光」もしくは「日陰」で「ホワイトバランス」を設定すると次のような写真になります。

　私がよく使う青みがかった紫色を帯びた動画も、「ホワイトバランス」のおかげで可能なのです。黄色い照明をつけて、相対的に色温度が低い「蛍光灯」プリセットを選ぶと、あたたかい色と冷たい色が入りまじり次の写真のような色をつくり出します。もちろんある程度の光量を確保した状態でなければなりません。暗い状態で黄色い照明と「蛍光灯」プリセットを使用すると、また違った感じが出ます。

このように「ホワイトバランス」を調整して撮った写真と動画では、後補正でつくるのは難しい色感を出すことができます。カメラメーカーによって、あるいは照明や光量によって、同じ設定でも結果には違いが出ますから、自分の好みに合った結果になるように様々なプリセットを使ってみてください。

# 動画をプロらしく、マルチアングル撮影

これまでにも映画が美しく見える理由を説明する中で、
マルチアングル撮影について触れてきました。
マルチアングル撮影とはどういうものかを知り、
私が動画でどのように利用しているか、一緒に見ていきましょう。

マルチアングル撮影とは、言葉通りに多様な角度から撮影することです。同じ場面を前から撮り、横からも撮り、上からも撮ります。こういう撮影と編集はあらゆる種類のメディアでたくさん目にしています。

例をあげてみましょう。男性と女性が会話をしている場面です。女性が話しているときは女性の顔がクローズアップされ、男性が話しているときは男性の顔がクローズアップされます。そしてある瞬間には2人の姿がまとめて見えるフルショットが出ます。映像をイメージしてみると、これまでに何度も見てきたような場面ですよね。

このシーンの場合、少なくとも3回以上角度を変えて撮らなければなりません。初めに女性の顔だけを撮り、次に男性の顔だけを別に撮り、さらに2人を一緒に撮ることになります。その後で編集をしながら、音声と状況がうまく対応するようにつなぎ合わせるわけです。

私は日常 Vlog を撮影しながらこの方法をかなり使いますが、私が思うマルチアングル撮影の長所は2つあります。1つ目は動画が単調になるのを避けられるという点。2つ目は多様なシーンを効果的に見られるという点です。

その代わり、1つの角度から一度に一気に撮るのと比べれば、時間はかかるし煩雑だという短所があります。カメラが1つなら、一度撮影を終えると次は違う場所にカメラを移し、再び撮影をしなければならないからです。私はそういう煩わしさを我慢してでも、より完成度の高い動画をつくりたいという思いがあるので、こういう方法を利用しています。私が日常動画をどんな目線で撮影したのか、下の写真を見てください。

被写体をクローズアップ
で撮ったシーン

上から撮ったシーン

正面から撮ったシーン

　ではどんな角度から撮影すると良いのでしょうか？　私は正面から撮影
するのを基本としながら、ある被写体だけをクローズアップする場面を2
回ほどさらに撮ります。クローズアップするときは、若干斜めから撮影す
るとか、上から見下ろすように撮影するなど、同じ構図を避けると効果的
です。

構図によって感じが
違う

　本の後半部では Premiere Pro で動画を編集する方法について説明しま
すが、それまでの間にこういう動画を撮ってみませんか？　ちょっと気持
ちをこめて撮影するだけで、結果は確実に違ってきますよ。

# 歪みのない
# 安定した構図をつくる

良い写真、良い動画を撮るための様々な条件の1つが構図です。
この章では良い動画を撮るための安定した構図について
学びましょう。

　この章では、お話ししたいことがたくさんあります。良い写真、良い
動画を撮ろうとするときの基本は、安定した構図です。安定した構図とは、
垂直と水平がきちんと合っていて、比率がきれいに合った構図を意味し
ます。下の写真を比べてみてください。

左の写真より、右の写真の方がはるかに良く見えるでしょう？

どんなレンズでも、フレームの縁に近づくほど歪みが生じます。スマートフォンで自撮りをしたとき、顔が画面の縁にかかると、少し細長く伸びてしまった経験はありませんか？ これはレンズによる歪みから起きる現象なのですが、私たちは安定した構図で、できる限り歪みがない動画を撮るようにしましょう。

下のような四角形があると仮定しましょう。

正面の四角形を上辺側の低い位置から撮るとaのように、下辺側の低い位置から撮るとbのような画像になります。カメラに近い部分が相対的に大きく表現されるからです。しかし、箱を撮影するのに目線を同じ高さにして撮影すれば、拡大される部分もなく、あるがままに撮ることができますよね？

人物の全身写真を撮るとき、脚が長く見えるようにローアングルから撮るのもこれと同じ原理です。脚の側にカメラが近づくから、だいぶ伸びるのです。

日常の写真で違いを感じてみてください。下の写真は、ハイアングルから撮ったもの、目線の高さを合わせて撮ったもの、ローアングルから撮ったものです。このような違いが出ます。

▧ 上から撮った写真

▧ 目線の高さを合わせて撮った写真

▧ 下から撮った写真

　上や下から撮った写真を見ると、背景も一緒に歪みが生じているのがわかります。もし街中を撮りたければ、カメラを高く掲げて撮影するのが歪みを最小限に減らす方法です。

　そのようにして歪みを減らして撮影をすれば、自然に水平と垂直がうまく合うことになります。画面に建物や水平線、壁のようなしっかりした直線をもつ被写体があるときは、その被写体と水平、垂直をぴったり合わせてください。

　初めはこういうことに神経を使いながら撮影するのは難しいので、カメラのモニターにグリッドを表示して撮影するのが便利です。カメラのメニューから、グリッドを表示するよう選択します。カメラのメーカーによってメニュー順序や名前が違うかもしれませんが、ほとんどのカメラにこの機能はあると思います。私は3×3の9分割を使っています。

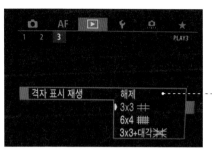

グリッド　表示しない
9 分割
24 分割
9 分割＋対角

　スマートフォンでも同様に、カメラの設定からグリッド表示のオン・オフができます。グリッドを表示するとモニター画面に常に縦横の線が見えている状態になるので、水平と垂直を合わせるのが簡単になります。そしてこのグリッドを利用する 1/3 法則というものがあります。横または縦の線の 1/3 地点に物体を置いて撮影すると、安定した映像に感じられるのです。

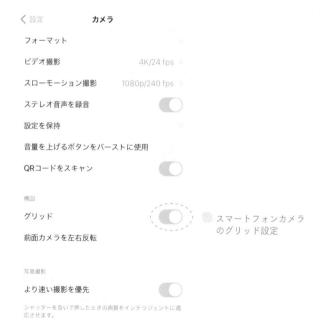

スマートフォンカメラ
のグリッド設定

もちろん画面の中央に被写体を置いて撮る方法もたくさん使われます。重要なことは、真ん中でも、1/3 位置でもない曖昧な部分に被写体を置いて撮ると、意識しなくても不安定な感じになるということです。

　これをよく覚えておけば、いつでもどこでも安定した構図の良い写真を撮ることができるのです。

　では、写真をグリッド線とともに見てみましょう。

# 音声をきれいに録音する

オーディオは動画において、思っている以上に大きな比重を占めています。もちろん、何十、何百万ウォン台〔何万、何十万円台〕のマイクを買えば、ASMR〔聞いていて心地良く感じられる癒しの音声のこと。ピンポイントに1つの音に焦点をあてたものや、自然音などがある。YouTubeでは人気のASMR動画チャンネルもある〕のような音声を録音できるでしょうが、それほど良い装備を使用するわけではないという想定のもと、この章ではお話を進めていきますね。私たちの目標はVlogなのですから。

私は7万ウォン〔約7千円〕ほどの小さいマイクを使用しています。性能がとても優れているというほどではありませんが、使わないのとでは大きな違いがあると感じています。特に私が使っているカメラは、録音の性能がいまひとつなので。

右の写真のようにカメラのアクセサリーシュー部分に固定して、カメラボディのマイク端子にケーブルの先端を差し込むと、マイクが使用可能の状態になります。撮影に入る前に、設定を少しだけ変えてみましょうか？

あらゆるカメラはデフォルトの設定で、録音レベルがオートになっていると思います。私はこれをマニュアルに変え、レベルも音割れしないレベルよりさらに少し下げておきます。オートの音量ではとても大きいので後でPremiere Proで編集をするとき、いちいちすべてのクリップの音を下げるのもひと仕事ですし、音量が大きいとその分ホワイトノイズも大きくなるという短所もあるからです。

もちろんマイクを使わない方は、マイクを接続せずに、そのままこの設定値だけを変更してください。設定を終える前、カメラの前で何か音を出してみてください。話し声でもいいし、物の音でもいいです。音によって実際にモニターのレベルメーターが上下する様子を確認できるでしょう。適正音量は -24 から -12 の間です。これより大きいときは録音レベルを少し下げ、小さいときは録音レベルを少し上げて、録音レベルを調節するといいです。

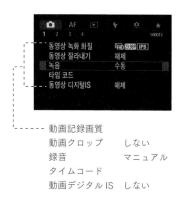

動画記録画質
動画クロップ　　　しない
録音　　　　　　　マニュアル
タイムコード
動画デジタル IS　しない

録音
録音　　　　　　　マニュアル
録音レベル
ウィンドカット／アッテネーター

　中にはカメラとマイクでうまく録音できない音もあります。布団のこすれる音、子犬が鼻をクンクンさせる音、水を飲み込む音、紙にしわが寄る音……、もちろん後で編集するときに効果音を探して入れることはできますが、気に入った効果音が必ず手に入るというわけでもありません。

　こういうとき私は、スマートフォンを使います。スマートフォンの録音音質は思ったより良くて敏感だからです。私の動画で些細な音が強調されている場面は、ほとんどスマートフォンのボイスメモを使ってつくったものです。マイクがなくても、音を強調したい部分があったら、スマートフォンで録音することをおすすめします。

# 「Vlog by sueddu」で
# 使う撮影機材は？

ここでは、私が使っている撮影機材をご紹介しましょう。特徴と留意点を
参考に、ご自身の機材を点検してみてください。

### #カメラとレンズ

　私のカメラとレンズはキヤノン EOS R ／ RF24-105mm L で、フルフレー
ムミラーレスカメラです。少し前まではキヤノン EOS 70D ／ EF-S17-
55mm を 5 年間使っていました。クロームボディで普及機に分類されるカ
メラでした。YouTube を始めたのも、2 年近く動画をつくり続けてきたの
も、すべてこのカメラと一緒でした。

　レンズはズームレンズが 1 つ、35mm と 50mm の単焦点レンズが 1 つ
ずつあります。ほとんどの場合ズームレンズを使いますが、旅行に行った

ときや、暗い環境では単焦
点レンズを使います。写真
と動画をこつこつ撮ろうと
思ったら、単焦点レンズは
1 つくらい持っておくとい
いです。

### #三脚

　Manfrotto の PIXI EVO と COMPACT アドバンスを使っています。
　三脚は小さいものと大きいものが必要ですが、どちらも Manfrotto 製品

を使っています。小さいものはカフェやレ
ストランなどでテーブルに置いて撮影する
ときに使ったり、歩きながらシューティン
ググリップのように使ったりします。

　大きい三脚はパンハンドルが備わってい
て、上下、左右の2方向に動かしながら撮
影するのに使います。テーブルで食事を撮
るとか、ご飯を食べるシーンを撮影すると
き、上から見下ろすように撮影するのも簡
単です。

　三脚を選ぶときは、価格が安いものよりも、ある程度の価格帯の製品を
購入することをおすすめします。数万ウォン〔数千円〕程度の製品は材質も
あまり良くないし、重くて持ち運びが大変です。それに、雲台がスムーズ
に動かなかったり、調整の仕方が簡単ではなかったりすることが多いです。

## #ジンバルの代わりに

　ジンバルはカメラが揺れないように、3つの軸を使ってカメラの位置を
滑らかに固定させるツールです。ジンバルさえあれば揺れる車の中でも、
走る自転車からでも揺れのない滑らかな動画を撮ることができます。最近
はスマートフォン用のジンバルも出ており20万ウォン〔約2万円〕前後で
購入できます。一方、カメラ用のジンバルは価格帯も高い上に、かさばる

し重いので一般の方がVlog用に使うのには向
いていないです。

　私はDJIのOSMO POCKETという小型カメ
ラを使っています。ジンバル機能があるとても
コンパクトなカメラです。片手で操作できるし、
気軽に持ち運びできて、ジンバル機能もあるの
で、旅行に行く時の必需品になっています。

## #指向性マイク

　マイクは RODE の VideoMicro です。メーカーは多数あり種類も豊富ですから、いろいろ比べてみて購入されるといいと思いますが、私は特にショットガンマイクをおすすめします。指向性マイクとも言います。特に他の用途で使うことがなければ、日常的にカメラにつなげたままにしておくと、動画を撮るときとても気楽に使えます。

## #ドローン

　ドローンという単語は、おそらく一度くらいは聞いたことがあるでしょう。なにしろあちこちで様々な用途で頻繁に使われるようになりましたから。私は小さくて軽い DJI Spark というドローンを使っています。スマートフォンより軽くて、持ち運びが負担にはなりません。良いドローンほど、より遠くに飛べますし、キレのいい滑らかな動画を撮れます。

　どうしてもそれなりに高価なので、購入する前にはしばらく迷いましたが、今は本当によく使っています。ドローンを使うと、カメラでは撮れないような様々な風景が撮れますし、ドローンで撮ったものを取り入れるだけで、動画の質がぐっと上がります。特に旅行の動画にはぴったりなので、旅行動画をたくさん撮る方にはとても役立つでしょう。

〔ドローンでの撮影には航空法などによる規制があります。必ず事前にルールを確認しましょう〕

# 良いカメラがなくても大丈夫

この本では主にカメラを中心に説明を進めていますが、実際、必ずしもカメラがなければ良い動画をつくれないというわけではありません。人気YouTuber の中には、スマートフォンで動画を撮ってアプリで編集している人もいますし、スマートフォンで撮った動画がカメラにひけをとらないすてきな人もいます。では、どうすればスマートフォンで良い動画が撮れるのでしょうか?

まずカメラの設定でビデオ録画メニューに入ってみましょう。私は 4K、24fps で動画を撮影しています。4K とは何か、24fps は何を意味するかはこれまで説明してきましたよね。私はカメラフレームを 24 に設定していますから、スマートフォンも同じ 24fps を選んでいます。もしカメラとスマートフォンに同じ設定値がなかったら、最も近い数値で合わせておけば

| ‹ カメラ　　ビデオ撮影 | ‹ 設定　　カメラ | |
|---|---|---|
| 720p HD/30 fps | フォーマット | › |
| 1080p HD/30 fps | ビデオ撮影 | 4K/24 fps › |
| 1080p HD/60 fps | スローモーション撮影 | 1080p/240 fps › |
| 4K/24 fps ✓ | ステレオ音声を録音 | ◉ |
| 4K/30 fps | 設定を保持 | › |
| 4K/60 fps (高効率) | 音量を上げるボタンをバーストに使用 | |
| QuickTakeビデオは常に1080p HD/30fpsで撮影します。 | QRコードをスキャン | ◉ |
| 1秒間のビデオのサイズは、およそ以下の通りです。 | | |
| • 60 MB (720p HD/30 fps、領域節約) | 構図 | |
| • 130 MB (1080p HD/30 fps、デフォルト) | グリッド | ◉ |
| • 175 MB (1080p HD/60 fps、よりスムーズ) | 前面カメラを左右反転 | |
| • 270 MB (4K/24 fps、映画のスタイル) | | |
| • 350 MB (4K/30 fps、高解像度) | | |
| • 400 MB (4K/60 fps、高解像度、よりスムーズ) | 写真撮影 | |
| | より速い撮影を優先 | ◉ |
| **PALフォーマットを表示** | シャッターを素いで押したときの画質をインテリジェントに調 | |
| PALは、ヨーロッパ、アフリカ、アジア、南米の多くの国で使用されているテレビのビデオフォーマットです。 | | |

大丈夫です。

　そしてグリッドを使うのでしたね。1/3法則を思い出して、いつも垂直、水平を合わせれば、良い動画を撮ることができます。


　スマートフォンのカメラモードをマニュアルに変えていないかぎり、そして特殊なアプリを使わない場合、デフォルトのモードは常にオートです。オートでは暗い環境では明るくなり過ぎて画質がかなり落ちてしまうことがあります。また、明暗の対比がはっきりしている環境では暗い側に露出を合わせるので、明るい側のディテールがすべて飛んでしまう場合があります。

　明る過ぎる場所では、露出度を調節すると適度な撮影をすることができます

そういう場合は、画面をタップするか上下にドラッグして、露出を調節することができます。下の写真の状況では、窓の外をタップするとそこがピントと露出の基準になり、全体的にすっと暗くなります。もしピントを手前側に合わせながら全体的に明るさを落としたかったら、手前のどこかをタップすると、画面の中に調整バーが表示されるので、画面を下にドラッグしてください。

 P.2 のサポートページから、動画も一緒に見てみましょう。

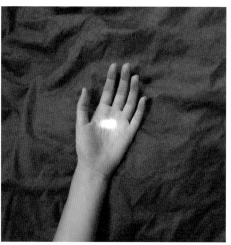

# Premiere Pro で編集する

動画を上手に撮影するのはもちろん大切ですが、さらに重要なのは、その動画をどのように編集するかということです。いくら良い材料を使った料理でも、つくった人が初心者だと、見栄えの良いおいしい料理にはならないのと同じです。編集ソフト Premiere Pro を使って動画の補正や編集をしてみましょう。

# 編集

# 旅行

# 補正

# 私だけの色感

# Premiere Pro の
# パネルとツール

この章から、本格的に Premiere Pro を扱っていきます。最新バージョンにアップデートされた Premiere Pro を使うという前提で説明していきますので、この本で紹介する内容が見つからない場合は、アップデートをお願いします。

Premiere Pro を立ち上げる前に、2 つの用語について少し説明してから次に進みますね。

1. プロジェクト　　2. シーケンス

Premiere Pro の編集作業ではこの 2 つが常に欠かせない存在です。シンプルに例えれば、プロジェクトが「映画」で、シーケンスが映画の「シーン」です。

Vlog はたいてい 10 分前後でそれほど長くないので、1 つのプロジェクトに 1 つのシーケンスだけで十分に編集作業が可能です。

でも、動画がかなり長いとか、特別な目的がある場合には、自分なりの基準でシーケンスをいくつかに分けて作業すると便利です。

例えば、広告動画の制作では、1 つの動画を 15 秒、30 秒、60 秒バージョンなどと、少しずつ異なる編集をしなければなりません。「○○広告」という 1 つのプロジェクトの中に、30 秒バージョンのためのシーケンス、60 秒バージョンのためのシーケンスなど、分けて作業をした方が、編集作業は楽になります。では、Premiere Pro を立ち上げてみましょう。

Premiere Pro を立ち上げると、このようなトップ画面が現れます。まだ
プロジェクトをつくっていないので、[新規プロジェクト] ボタンを押し
てプロジェクトを 1 つ作成しましょう。下の❶にプロジェクトファイル名
を、❷に保存先をそれぞれ設定します。残りの設定項目はデフォルトのま
まにして、❸の [OK] ボタンを押します。

新規プロジェクト

① 名前: project_01
② 場所: /ユーザ/sueddu/デスクトップ/sueddu/project        参照...

一般   スクラッチディスク   インジェスト設定

ビデオレンダリングおよび再生

レンダラー: Mercury Playback Engine – GPU 高速処理 (Metal) - 推奨

プレビューキャッシュ:

ビデオ

表示形式: タイムコード

オーディオ

表示形式: オーディオサンプル

キャプチャ

キャプチャ形式: HDV

カラーマネジメント

HDR グラフィックホワイト (ニッツ)   203 (75% HLG, 58% PQ)

□ すべてのインスタンスのプロジェクト項目名およびラベルカラーを表示

キャンセル   ③ OK

プロジェクトが作成され、編集を始められる状態になりました。画面最上段に並んだタブの中から［編集］を押すと、編集用に設定が最適化された動画編集画面に変わります。Premiere Pro の編集画面は大きく 4 つの部分により構成されています。左上から順に、❶［ソースモニター］パネル／［エフェクトコントロール］パネル、❷［プログラムモニター］パネル、❸［プロジェクト］パネル／［エフェクト］パネル、❹［タイムライン］パネルと呼びます。それぞれのパネルの役割を最初にきちんと理解しておけば、この後の編集作業がスムーズに進みます。

クリック！

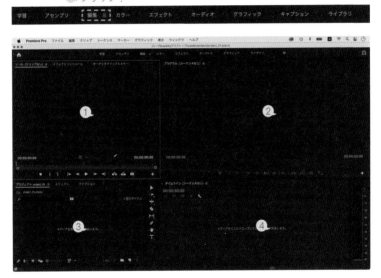

## ソースモニターパネル／エフェクトコントロールパネル

　［ソースモニター］パネルには、［ソース］と［エフェクトコントロール］というタブがあるのがわかりますか？ 2 つのタブは並んでいるので、必要なタブをクリックして行き来することができます。
　［ソースモニター］パネルは動画のプレビューができる場所です。自分

が選んだ動画の内容を、編集を始める前に確かめることができます。[エフェクトコントロール] は、Vlog動画を編集する上でとても重要なパネルです。動画の拡大・縮小、回転、不透明度など、基本的な編集と、手ブレ補正、ピンボケなど各種の効果の数値を調整する場所です。[ソースモニター] パネルと [エフェクトコントロール] パネルは動画編集作業に入ってから、さらに詳しく説明しますね。

[ソースモニター] パネル

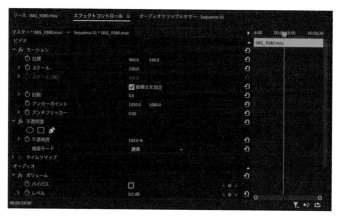

[エフェクトコントロール] パネル

プログラムモニターパネル

　このパネルでは編集を終えて完成した動画をプレビュー画面で見ることができます。このとき、動画で見られる部分は、後で説明する「再生ヘッド」（ルーラー上の青いマーク）が基準となります。［プログラムモニター］上で、動画は、シーケンスにある「再生ヘッド」が位置する部分から再生されます。

動画が編集された現在の状態を見ることができる［プログラムモニター］パネル

プロジェクトパネル／エフェクトパネル

　［プロジェクト］パネル／　［エフェクト］パネルは画面左側下段の位置
にあります。動画を読み込み、整理し、動画にエフェクトをかけることが
できるパネルです。［プロジェクト］パネルで右側下段、ゴミ箱の横にあ
る紙に見えるアイコンの名前は［新規項目］で、［シーケンス］［調整レイ
ヤー］［カラーマット］などを簡単に追加することができる機能があるの
で覚えておいてください。

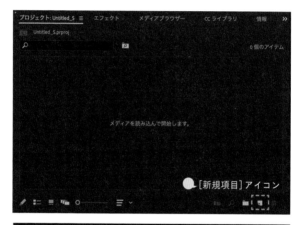

●［新規項目］アイコン

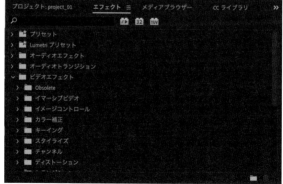

●［エフェクト］パネル

タイムラインパネル

　最後に編集の中心となる［タイムライン］パネルです。動画がどんな順序で構成されるか、長さがどれくらいか、ひと目でわかります。［タイムライン］パネルには常にシーケンスが入ります。シーケンスこそが、動画の編集を行う場所です。

［タイムライン］パネル

シーケンスをつくる

**01** 左側上段メニューバー［ファイル］—［新規］—［シーケンス］という順で入ってもいいし、［新規項目］アイコンをクリックして［シーケンス］を選択することもできます。私は後者をよく使います。

シーケンスは、最終的につくり出される動画の設定を決める重要な役割を果たします。2番目のタブをクリックして［設定］に入り、設定をいくつか変えてみましょう。

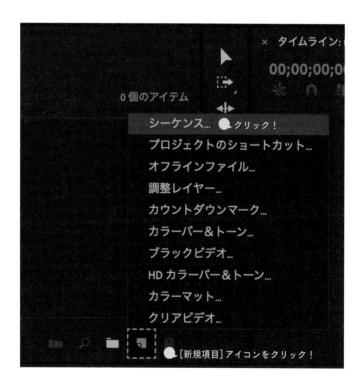

**02** [編集モード]を[カスタム]に設定し、すぐ下の[タイムベース]で
自分が撮影した動画と一致するフレームを選んでください。fpsに
ついてはP.47ですでに説明しましたね？

私は24fpsで撮影しますから、シーケンスの設定も24にそろえます。もし
30fpsで撮影した方なら24ではなく30fpsを選んでください。[フレーム
サイズ]は[1920]×[1080]（FHD）にします。その下にある様々な設定
も、私と同じように合わせてみてください。

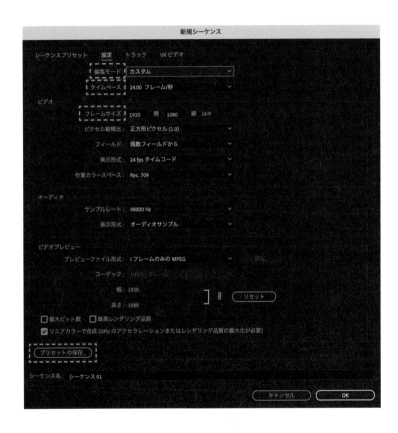

03 さあ、これでシーケンス設定をカスタマイズすることができました。
今後、動画を編集するたびに、毎回この設定を調整するのは煩わし
いですよね。そこで私は、今後も続けて使うことになる設定値を、プリ
セットの1つとして保存しておきます。左下の［プリセットの保存］ボタン
を押して、名前をつけて設定値を保存します。

**04** こうしておくと、今後、新規シーケンスに入ると、以下のように、シーケンスプリセットの一番下に自分がつくったプリセットが表示されます。これをクリックするだけで、前にやったような煩わしい設定をしなくて済みます。

これを選択した状態で［OK］ボタンを押せば、シーケンスが作成され表示されます。前に説明したように、シーケンスは［タイムライン］パネルに入っています。［シーケンス01］という名前を［タイムライン］パネルで確認することができます。

新規シーケンス

シーケンスプリセット　設定　トラック　VR ビデオ

編集モード： カスタム

タイムベース： 24.00 フレーム/秒

ビデオ

フレームサイズ： 1920 横 1080 縦 16:9

ピクセル縦横比： 正方形ピクセル (1.0)

フィールド： 偶数フィールドから

表示形式： 24 fps タイムコード

作業カラースペース： Rec. 709

オーディオ

サンプルレート： 48000 Hz

表示形式： オーディオサンプル

ビデオプレビュー

プレビューファイル形式： I フレームのみの MPEG　　設定

コーデック： MPEG I フレーム

幅： 1920

高さ： 1080 〔 0 〕 リセット

☐ 最大ビット数　☐ 最高レンダリング品質
☑ リニアカラーで合成 (GPU のアクセラレーションまたはレンダリング品質の最大化が必要)

プリセットの保存...

シーケンス名： シーケンス 01

クリック！

キャンセル　　OK

シーケンスのルーラー上には常に青い三角形が表示されています。これを「再生ヘッド」と言います。再生ヘッドを動かして、編集された動画を［プログラムモニター］で確認することができます。再生ヘッドの位置は、今見ているのは動画のどの部分なのかを示します。動画の一番初めから見たい場合は、再生ヘッドを動画の一番初めに移動するだけで最初から再生することができます。

プロジェクトとシーケンス、基本となる2つのパネルについての説明はここまでです。では次に、編集で使うツールについて説明しましょう。

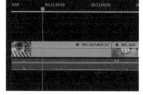

［タイムライン］パネルの左側に縦長の［ツール］パネルがあります。8つ
のツールが並んでいるうち、使用頻度の高い4つを紹介します。

❶　選択ツール☑：オブジェクトを選択するツール
です。クリップ〔タイムライン上にのせた動画ファイル〕を
選択し、移動する時に使う基本ツールで、普段使う
マウスポインターと同じ使い方をします。

❷　トラックの前方選択ツール☑：複数のクリップ
をまとめて選択し、前後に移動させることができ
ます。

❸　レーザーツール☑：クリップを分割するツール
で、クリップをカットしたい箇所でクリックすると、
クリップが2つに分かれます。

❹　横書き文字ツール☑：文字ツール。このツール
を選択した状態で［プログラムモニター］（挿入を開
始したいプレビュー動画）上でクリックして文字を
入力できます。

□内のアルファベットは各ツールのショートカット
キーです。

例えば動画をカットするときには、［レーザーツー
ル］ボタンを押してもいいし、☑キーを押しても同
じことができます。

後で説明しますがショートカットキーを使うか使わないかでは、作業時間
に大きな差ができます。作業のスピードと効率アップのためにも、ショー
トカットキーは必ず覚えましょう。では実際の作業に入っていきます。

動画をカットする

01 編集する素材を［プロジェクト］パネルに読み込みましょう。［ファ
イル］－［読み込み］をクリックし、表示されたダイアログから編集
したい動画ファイルを選択してください。ショートカットキーは Ctrl
+ I（Mac Command + I）です。

## 02

読み込んだ動画をダブルクリックすると、すぐ上の［ソースモニター］にプレビューが表示されます。青で表示されている再生ヘッドを左右にドラッグすると、動画全体をざっくり確認することができます。［ソースモニター］パネルにはツールとして使えるアイコンがありますが、このうち使用頻度の高いものを紹介します。

*Editing with Premiere*

❶ インをマーク［I］：必要な動画のイン点を設定します。

❷ アウトをマーク［O］：必要な動画のアウト点を設定します。

❸ 再生／停止［Space］：動画を再生、または一時停止します。

❹ インサート［,］：動画をシーケンス上に挿入します。シーケンス上の再生ヘッドの位置にあるクリップは分割され、その間に動画が割り込んで挿入されます。

❺ 上書き［.］：動画をシーケンス上に上書きします。シーケンス上の再生ヘッドの位置にあるクリップは上書きされ、同じ位置に新たな動画が入ります。

**03** ［ソースモニター］で見た動画をノーカットで使いたい場合もある
でしょうが、前後を多少切り取って使うことが多いと思います。と
いうのは、カメラで録画する際にボタンを押したりピントを合わせたりす
るので、動画の初めと終わりはどうしても揺れることが多くなるからです。
動画を開始したい所に再生ヘッドを動かし「インをマーク」のショートカ
ットキー①を押します。モニターにはイン点の動画が表示されます。

再生ヘッドの位置にイン点が表示されました。

同様に、必要な動画のアウト点に再生ヘッドを動かし「アウトをマーク」のショートカットキー◯を押します。こうしてシーケンスに動画を入れる前にあらかじめイン点／アウト点を設定しておけば、シーケンスで編集を進めるときにかなり楽です。

次に［タイムライン］パネルの、シーケンスの再生ヘッドを一番左に置き、「インサート」のショートカットキー⌷を押して動画をシーケンスに挿入します。ショートカットキーを使うかわりに、動画をドラッグ＆ドロップしてシーケンスに入れることもできます。

動画をシーケンスに入れようとして、もしも次のような警告メッセージが表示されたら、［現在の設定を維持］ボタンを押してください。
このメッセージは撮影した動画とシーケンスの設定値が合わない場合に表示されます。シーケンスはFHDで設定されているのに4Kで撮影した動画を入れようとしたり、30fpsで設定されているシーケンスに60fpsで撮影された動画を入れようとしたりすると警告メッセージが表示されます。撮影の設定が異なる場合も、シーケンスの設定を基準に編集して書き出しますから、現在の設定値を維持しましょう。

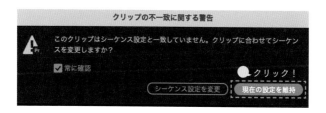

05 動画クリップをシーケンスに入れると、動画と音声がそれぞれトラック [V1] [A1] に入ります。V は Video の略、A は Audio の略でそれぞれ動画（ビデオ）と音声（オーディオ）を担当するトラックです。メインに使用する動画と音声は [V1] トラック、[A1] トラックに入れて、字幕や効果音など動画をさらに演出するための素材は 2、3、4…のトラックに入れて使用します。トラックは下から順に重なり、数字が大きくなるにつれ優先順位が高くなります。[V1] トラックの上に [V2] トラックを追加すると [V2] の動画が優先され前面に反映されるので、仮にロゴが [V1] に、動画が [V2] にあれば、動画にさえぎられてロゴは見えなくなります。

ここまで見てきた方法を繰り返せば、使いたいクリップをスピーディーにシーケンス上に追加していくことができます。

シーケンス上でクリップをカットしてみましょう。[ツール] パネルの所で学んだ [レーザーツール] を使います。ショートカットキー Ⓒまたは [ツール] パネルから [レーザーツール] を選択してください。カットしたい部分でクリックします。

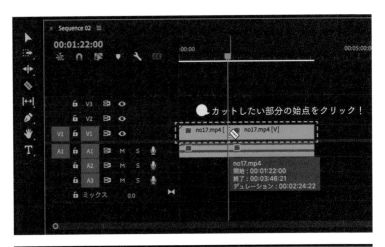

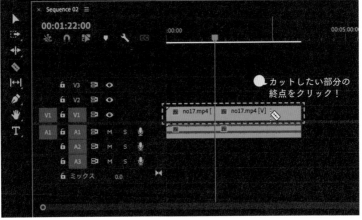

もしカットした箇所からそのクリップの終わりまでを削除したければ
Ⓥキーを押して［選択ツール］を選択し、削除したいクリップをクリックし
てキーボードの Delete キーを押せば、削除することができます。

[選択ツール]をクリック！

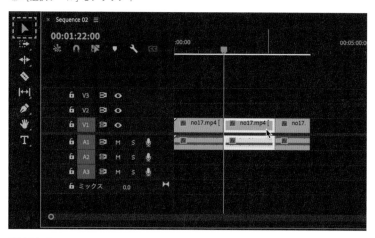

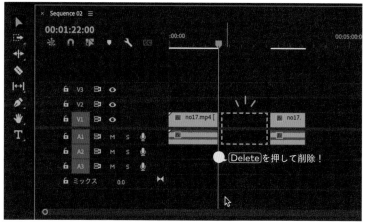

**07** クリップとクリップの間に空いたスペースも同じ方法で消すことが
できます。[選択ツール]で空きスペース部分をクリックして Delete
キーを押します。

🌙 [選択ツール]をクリック！

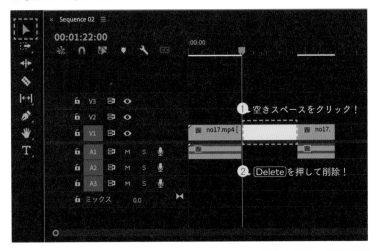

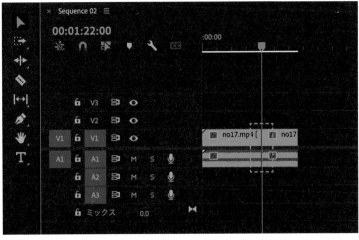

01 │ 動画がカットされている境界をクリックして Delete キーを押すと、
　　│ カットされた動画が元の1つの動画に戻ります。**動画を移動するこ**
とは簡単にできますよね？［選択ツール］でクリックしてドラ
ッグすれば、動画を好きな場所に移動することができます。

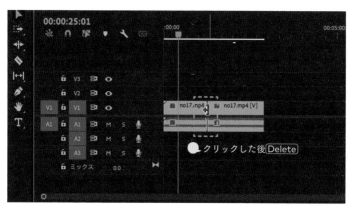

クリックした後 Delete

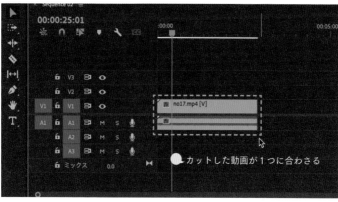

カットした動画が1つに合わさる

下の図のような動画がいくつもあるような場合、2番目のクリップ
から最後のクリップまでをひとまとめに後ろに動かしたいとした
ら？［トラックの前方選択ツール］を使えばできます。

［トラックの前方選択ツール］をクリック！

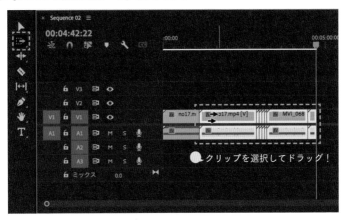

ショートカットキーⒶを押して［トラックの前方選択ツール］を選択し、
2番目のクリップをクリックすると、右端までのクリップ全体がまとめて
選択されます。その状態でドラッグして移動すれば、すごく簡単にすべて
のクリップをいっぺんに動かすことができます。再び元の位置に戻すこと
もできるので、やってみてください。

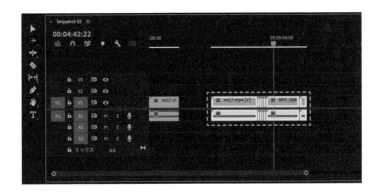

動画をカットし一部を消してしまったけれど、再びその部分を復元したいときは、マウスポインターをクリップの前または後ろにおいてクリック、ドラッグしてください。元の動画に戻ります。

# エフェクトコントロール

## #07

この章では、私が重要だと思うパネル、[エフェクトコントロール]がどんな役割をするかを学んでいきましょう。ここからは、すべて動画がないとできない内容なので、プロジェクトとシーケンスをつくってください。動画を読み込むときは、[プロジェクトパネル]にフォルダをつくることをおすすめします。

**01** フォルダの形をした[新規ビン]ボタンを押すと、新しいフォルダをつくることができます。動画、BGM、効果音、字幕、ロゴなど、1本の動画をつくるために必要な材料はたくさんあるので、始める前に種類ごとのフォルダをつくっておきます。

私はいつも、「動画」「音楽」「字幕」「その他」という4つのフォルダをつくります。フォルダをつくり、名前の部分をクリックすると名前を変更できます。

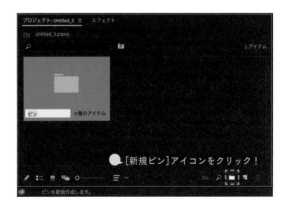

02　このようにフォルダをつくったら、「動画」フォルダをダブルクリックしてフォルダを開いてください。ここで Ctrl + I （Mac Command + I ）キーを押して編集する動画を読み込みます。

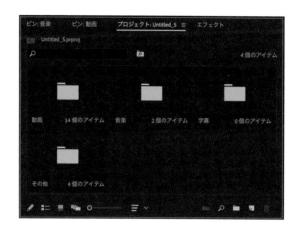

03　前に学んだように、動画をプレビューしてイン点／アウト点を設定したあと、シーケンスに挿入しましょう。インサートのショートカットキー , を使ってもいいし、ドラッグして直接挿入することもできます。

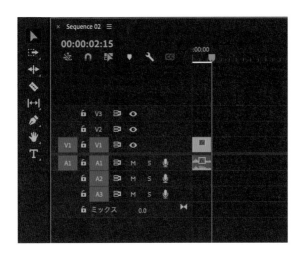

**04** シーケンスに入った動画をクリックすると、クリップが白く変わ
ります。そのクリップが選択されているという表示です。シーケ
ンスに動画が入ると、［エフェクトコントロール］の内容が見える状態に
なるので、どんな内容があるのか一緒に見てみましょう。

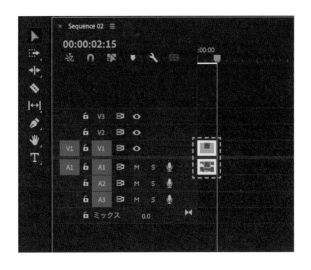

05 ［エフェクトコントロール］は大きく［ビデオ］と［オーディオ］に分かれています。［ビデオ］と［オーディオ］それぞれのメニューにはさらに細かいオプションがあります。［ビデオ］のメニューの一番上にある［モーション］では動画の位置やスケール、回転を変更できます。

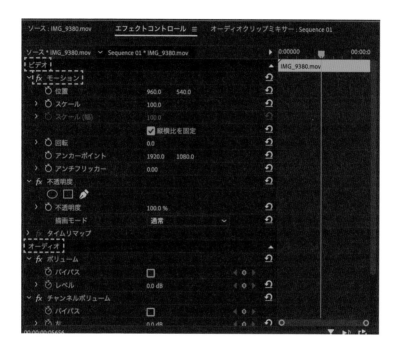

06 もちろん位置、スケール、回転のそれぞれに数値を直接入力して変更することもできますが、［モーション］と表示されている文字部分をクリックすると、モニター上に画像を囲む8個の点と青枠が表示されて、*画面上で拡大／縮小させたり回転させたりすることができるように*なります。撮影した動画がもしも垂直・水平になっていなかったら、動画を拡大して回転させ、垂直・水平にそろえることができます。

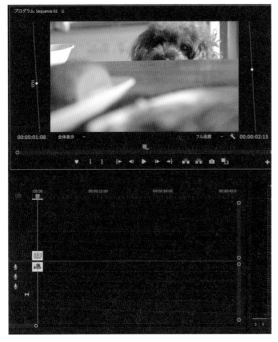

［モーション］をクリックした後に、画像に現れる 8 個の点の中からサイド
の点をドラッグして拡大し、マウスポインタを少し外側に移動すると現れる、
上下にカーブした矢印を動かして回転させた様子

**07** 次に［不透明度］について見てみましょう。おそらく Photoshop や Illustrator を使ったことのある方はご存じだと思います。［不透明度］では、［100％］だと動画が完全に不透明で、［0％］なら完全に透明です。デフォルトで、すべての動画は［100％］になっています。動画の上に別の動画を重ねて半透明で表現したいとか、動画の上にフィルターのように1つの色を薄く重ねて表現したいような場合は、この［不透明度］で調節できます。

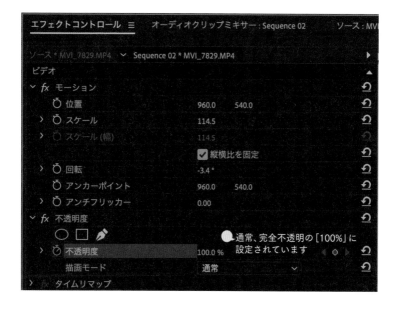

108

109

[08] ［オーディオエフェクト］に移りましょう。オーディオ関連の多様なエフェクトは、［エフェクト］パネルの［オーディオエフェクト］の中に用意されており、選択して適用します。適用したエフェクトの設定は、［エフェクトコントロール］で調整できますが、［エフェクトコントロール］にあらかじめ多様なエフェクトが入っているわけではありません。実際、一般的な動画のオーディオで調整しなければならないのは、［レベル］の他にはありません。［レベル］とはオーディオの音量のことです。-∞から +15dB の範囲で調節できます。こういう数値は直接数字を入力することもできますが、数字の上にマウスポインターを置いて左右にドラッグすると簡単に調節できます。

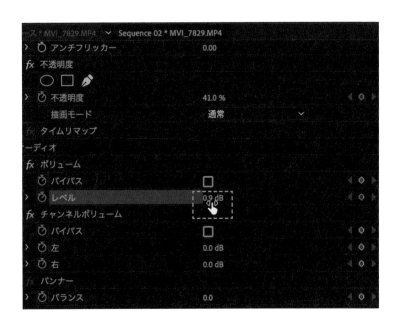

すべてのエフェクトの右側には 180 度回転を示す丸い矢印があり
ますが、この矢印アイコンを押すと、そのエフェクトで変更した
内容がデフォルトの数値にリセットされます。

Premiere Pro を学んでいくうちに、ここまで見たような基本効果だけで
なく、さらに多様なエフェクトを使ってみたくなると思いますが、どんな
エフェクトを適用するにしても、その数値はすべて[エフェクトコントロー
ル]パネルを開いて調整することになることを覚えておいてください。

## 基本的なカット編集

# #02

動画を拡大、縮小、回転する方法を学んだので、次はカット編集に進みましょう。多様な動画クリップをどんな順番で配置し、どのくらいの長さにカットするか、動画と動画の間にどんな効果を入れるかを決めるプロセスです。

**01** まず、1つ目の動画クリップのイン点／アウト点を設定した上でシーケンスに入れてください。同じやり方で2つ目のクリップも入れます。

**02** 再生ヘッドを動かし、クリップ1とクリップ2の間に置いてください。境界に正確に合わせたかったら、Shiftキーを押しながら動かすとできます。

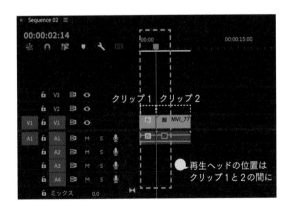

**03** どちらのクリップも選択していないこの状態のまま [Ctrl] + [D]（Mac [Command] + [D]）キーを押すと、[クロスディゾルブエフェクト] が適用されます。[クロスディゾルブエフェクト] とは、前後の動画が自然にだんだん混ざっていくことだと思ってください。今ここで、最初から再生してみましょう。クリップ 1 から 2 に自然に移り変わる様子をご覧いただけましたか？

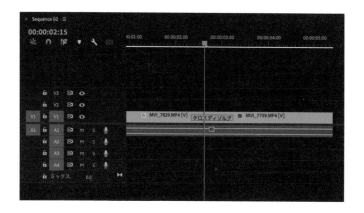

Sueddu's
Tip

もし 2 つのクリップのうち 1 つが選択されている状態だったら、シーケンスのどこか空いている空間をクリックすれば、選択を解除できます。

**04** ［クロスディゾルブエフェクト］は、動画の初めと終わりにも適用できます。クリップ1の動画が、暗い画面から自然に姿を現すフェードインをつくってみましょう。クリップ1をクリックして Ctrl + D （Mac Command + D）キーを押します。動画の間にエフェクトを入れるときとは違って、今回の場合はエフェクトをかけたいクリップを前もって選択しておかないと、エフェクトが適用されません。最初から再生してみると、ゆっくり明るくなりながら動画が始まるのを確認できます。

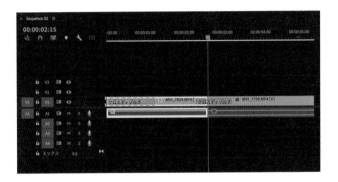

**05** 最後をゆっくり自然に終わるようにすることもできます。

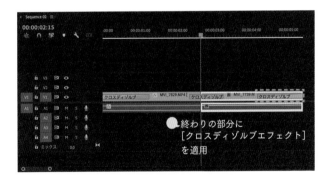

P.2 のサポートページから、［クロスディゾルブエフェクト］が使われた様々なサンプル動画をご覧ください。

もし［クロスディゾルブエフェクト］を削除したければ、エフェ
クトだけをクリックして白く表示されるようにしてから Delete
キーを押せば削除できます。

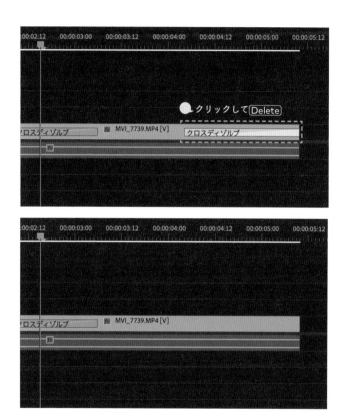

**07** ここで、3つ目の動画をシーケンスに入れてみましょう。今度は、イン点／アウト点を設定せずに、動画全体をそのまま挿入しました。動画を途中でカットしたいときには、今までは©キーを押して［レーザーツール］を使っていました。今回はカットしたい部分に再生ヘッドを置いて、Ctrl + K（Mac Command + K）キー〔編集点を追加〕を押してみましょう。

　ジャーン！　これまで同様、動画がカットされましたね。©キーを使用してもよいのですが、より簡単にこういうショートカットキーを使ってカットする方法もあります。前の部分をカットした動画は削除して、クリップ2とつなげましょう。次に、クリップ3は元の動画よりも再生速度を遅くしてみましょう。

動画をクリックして選択し、マウスを右クリック。❶［速度・デュレーション］を選択してください。基本は、*100%の1倍速*で、再生速度を速くしたければ *100* より大きい数値を、遅くしたければ *100* より小さい数値を入力します。例えば2倍の遅さで再生したければ *50%* に変えるというわけです。再生速度が遅くなると動画はシーケンス上で2倍の長さに伸びます。

　この状態では2倍に伸びたとしても特に問題はありませんが、もしクリップ3の後ろに違う動画がぴったりくっついていると、伸びた動画がクリップ4に遮られて切られてしまいます。

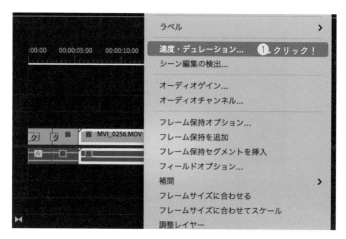

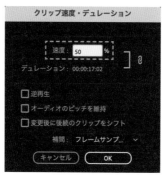

再生速度が遅くなったことによってクリップの後ろの方が切れて
しまうのを防ぐために、[速度・デュレーション]の一番下にある
[変更後に後続のクリップをシフト]にチェックを入れておくと、動画が
長くなってもそれに合わせて後ろのクリップを動かしてくれます。逆に短
くなって生じる空白も詰めてくれます。

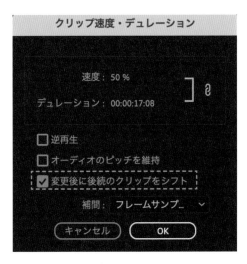

プロセス07と比べクリップ3の長さが2倍に伸びた

10 動画を逆再生したい場合は、［速度・デュレーション］ウィンドウの［逆再生］にチェックを入れてください。逆再生ができるだけでなく、速度を変えたエフェクトをかけることもできます。

　この章で学んだ内容をもとに、2分程度のシーケンスを完成させてみてください。その際、できるだけショートカットキー（P.194）をたくさん使って覚えるようにしてください。テキストを100回読むよりも、手を使って実際にやってみれば、あっという間に覚えられるはずです。

# マルチアングル撮影で
# 撮った動画を1つに

> 「動画をプロらしく、マルチアングル撮影」の章で、1つのシーンを
> 様々な角度から撮ってみようと宿題を出しましたが、試していただ
> けましたか？ やっていただいたものと期待しつつ、この章では、
> 角度を変えて撮影した動画を、自然な感じに編集する方法を学びま
> しょう。

*Editing with Premiere*

動画の準備ができていない方は、P.2 のサポートページから、
サンプル動画をダウンロードしてください。

**01** 今ここに2つの動画があります。1つは、私がハンバーガーを食
べたり、フライドポテトにケチャップをかけたりしている動画で
す。もう1つは、フライドポテトにケチャップをかけるシーンだけを撮っ
た動画です。

　1つ目の動画をクリップ1、2つ目の動画をクリップ2と呼びましょう。
これからクリップ1の間にクリップ2を挿入しようと思います。

まずクリップ1をシーケンスに入れます。このクリップの中の、ケチャップをかけ始めてからかけ終えるまでのシーンをカットします。再生ヘッドを動かして Ctrl + K (Mac Command + K)キーを押す、覚えていますよね？

　こうしてカットした部分が削除されたので、次に、この空いた所にクリップ2を入れてみましょう。クリップ2をダブルクリックし、［ソースモニター］パネルでプレビューしてみて、前後に必要ない部分があれば、イン点／アウト点を設定します。その上で、シーケンスに読み込みます。クリップの間にスペースが残ったらクリックして Delete ですね。

**03** いったん、再生してみましょう。もしぎこちなさや途切れる感じ
があったら、少しずつカットしてつなぎ直し、修正してみてくだ
さい。このような作業を経て、P.2 のサポートページで紹介しているよう
な動画が完成します。

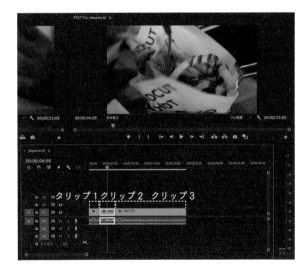

本格的に Vlog をアップするために、ご自分で撮った動画にこの編集方法を用いるとしたら、注意してほしいことがあります。それは、クリップ1とクリップ2がはっきりと違う動画でなければならないということです。

　クリップ1が全般的な雰囲気を伝えるフルショットだとしたら、クリップ2は重要な被写体だけをクローズアップした動画といった構成になるようにしてほしいのです。クリップ1もクローズアップ、クリップ2もクローズアップだとしたら、あえて角度を変えて撮り、複雑な編集までする理由がありません。

　また、それぞれのクリップはある程度の長さが必要です。クリップ1の間にクリップ2をサンドイッチのように挟み込んだ編集なので、クリップ2があまりに短いとあわただしい感じに見えてしまいます。だから、長すぎず短すぎない長さにしてください。

　最後に、音声にも気を遣わなければなりません。ここでつくった動画は1-2-1の順に、同じシーンで画面が2度変わります。動画編集に伴い音声がぶつぶつ途切れることがありますが、音声を自然につなげるヒントはP.207 で詳しく紹介しますので、ご参照ください。

# 手ブレ補正

動画に手ブレが生じないようにするには
どうすればいいでしょうか？
それは「揺れないように撮影すること」です。
この章では、どうすれば揺れずに撮影することが
できるかを探っていきます。

　いくら上手に撮った動画でも、画面が細かく揺れ続けていては、見ている側は目が疲れてしまいます。映画で意図的に画面を揺れるように見せることもありますが、そのような場合もジンバル（P.69）という道具を使うことで、多少荒っぽい移動があってもカメラの動きが滑らかにつながるので、見る側は目が疲れずに済みます。

　動画で手ブレが起きないようにする最も良い方法は、カメラを揺らさないで撮影することです。すごく当たり前のことを言っているようですが、これが一番効果的な方法です。揺れた動画を後から補正することもできますが、時間も相当かかるし、処理速度もかなり遅くなるのです。
　では、どうすれば画面を揺らさないで撮れるのでしょうか？

一番の基本として大事なのは、撮影するときの姿勢です。スマートフォンやコンパクトカメラは小さいので、どのような撮り方をしてもほとんど揺れることはありませんが、一眼レフやミラーレスカメラのような重いカメラの場合は、カメラを必ず体に近づけて、腕にしっかり力を入れてください。カメラをなんとなく持っているというのではなく、誰かに腕を押されてもぐらつかないほどに力を入れてください。このとき、両方の前腕を体にぴったり付けると無理せず手に力が入ります。そして録画をしている間は、息をするのを少しだけ我慢してください。呼吸をすると人間の体は思っている以上に動くもので、カメラにはそういう動きがすべて録画されます。

カメラを動かさず固定した動画を撮るのではなく、左右あるいは上下に
カメラを動かして撮りたいときは（このカメラワークをパンと言います）、
カメラのストラップを使うとうまくいきます。首にストラップをかけ、カ
メラを前に出したときにピンと張るようにします。この状態でカメラを動
かすと、腕に持って動かすのと比べ、滑らかな撮影ができます。

　2つ目の方法は、三脚を使う方法です。大きな三脚だけでなく小さい三
脚も役に立ちます。室内撮影や、三脚を使えるような状況では、なるべく
三脚を使って撮影してください。特に、パンハンドルが付いている三脚は、
前に説明したパン技法で撮影したいときにとても役に立ちます。カメラを
三脚に固定し、パン
ハンドルを動かせば
カメラがきれいに動
くからです。

もし屋外で撮影するなら、カメラに小さな三脚を取り付けてグリップとして使うのも役に立ちます。最近では、このように手に持って撮影する人々のための「シューティンググリップ」も販売されています。カメラは重いので手に持ち続けて撮影すると、とても疲れてしまいます。棒状に持てる三脚やシューティンググリップを握って撮影すると、揺れを軽減することができます。

　これらをすべて組み合わせて、最善を尽くして撮影したにもかかわらず、録画した動画の画面が揺れていたら、Premiere Pro で補正をしなければなりませんね。

揺れのある動画を補正する

01 補正が必要な動画を読み込み、シーケンスに入れます。

動画を用意できない方は、P.2のサポートページから、サンプル動画をダウンロードしてください。

*Editing with Premiere*

02 この章では、初めてエフェクトを検索して使ってみます。まず、4つ
のパネルのうち左下にある［エフェクト］タブをクリックしてパネ
ルを開きます。検索ウィンドウがあるので、エフェクトの名前を直接入力
して検索することもできますし、フォルダの中から名前を見て探すことも
できます。エフェクトはたくさんあるので、検索を使った方が早く探せる
と思います。

手ブレ補正のために必要なエフェクトの名前は［ワープスタビライザー］
です。このエフェクトをドラッグしてシーケンスの動画にドロップしまし
ょう。エフェクトが適用されたら、［エフェクトコントロール］を開いてく
ださい。

**03** 　［エフェクトコントロール］は、Premiere Pro のパネル説明をしたときに強調したパネルです。動画のサイズや回転などの調整もここでできます。［エフェクト］パネルで検索し、動画に適用したすべてのエフェクトは、この［エフェクトコントロール］パネルで調整することができます。メニューの中に、今適用した［ワープスタビライザー］の名前が表示されています。右側に［分析］というボタンが見えます。その下には［滑らかさ］などの詳細設定の項目があります。設定を変えないのであれば、［ワープスタビライザー］のデフォルトの値は［滑らかさ］［50%］です。このように高い設定値だと、動画の縁が切り取られ、完成した動画もうねうね波打つように歪んでしまいます。揺れた動画に無理な修正を加え、完璧にしようとすることで生じる副作用です。

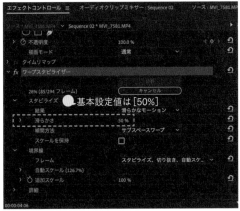

適用中の画面表示

04 | 私はこの数値をいつも［10%］以下にしています。基本は［10%］
にしていますが、それでも動画が不自然にうねるようなら［5%］に、
それでもまだ不自然な感じがしたら［1%］に……。こういうふうにだん
だん下げて結果をプレビューで確認します。すごく揺れる動画でない限り、
だいたいの場合は［10%］程度がちょうど良さそうです。

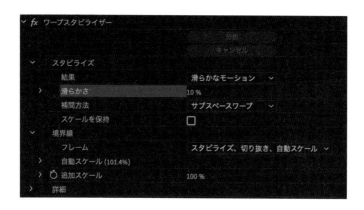

では、こうして完成した動画の補正前と補正後を比べて見てみ
ましょう。P.2のサポートページからご覧ください。

いかがでしたか？　はるかに良くなりましたよね。
このエフェクトを使うとき注意してほしいのは、これが「手ブレ」を補正
するエフェクトだという点です。速足で歩きながら撮った動画や、揺れる
自動車から撮った動画の揺れは、手ブレではなく、カメラ自体が大きく揺
れ動いた結果なので、補正しても効果はほとんどありません。
　ところで、これから毎回、動画の補正をするたびに、［エフェクトパネル］
で［ワープスタビライザー］を検索して、［滑らかさ］を［10%］以下に修
正して……という一連の作業が待っていると思うと、とても煩わしいです
よね？　そこで、設定した値をプリセットとして保存しましょう。

プリセットをつくる

**01** 10％に数値を調整した❶の［ワープスタビライザー］を右クリックしてください。❷の［プリセットの保存］というメニューをクリックします。

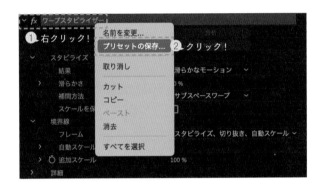

**02** 名称は「手ブレ補正」など覚えやすい名前に変えることができます。

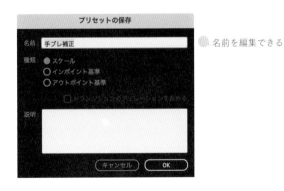

名前を編集できる

03 | 今後は使おうとするたびに［エフェクト］パネルから検索する必要
はなくなり、［プリセット］のフォルダをクリックするだけで、今つ
くって保存した［10%］設定の［ワープスタビライザー］を確認することが
できます。

04 | このプリセットは一般のエフェクトと同じく動画にドラッグして適
用することができますが、適用した後で必ず［エフェクトコントロー
ル］パネルで［分析］ボタンを押さなければならないことを覚えておいて
ください。

# テロップの挿入

## #06

ここまで一緒に学んできた皆さんは、動画編集の基本となる、カット編集と拡大・縮小、再生速度の変更、逆再生、手ブレ補正、ディゾルブなど、頻繁に使うエフェクトはどれも自力で使えるレベルになっていることでしょう。いよいよ、この章ではテロップ（字幕）を入れてみます。

Editing with Premiere

動画にテロップを入れるプロセス自体は簡単です。[ツール]パネルの[横書き文字ツール]をクリックするだけですから。でも、文字の位置や、字間、行間、背景、文字の縁取りなど、テロップを本格的に編集することの方が、実はとても重要です。往々にして、入れたテロップのせいでセンスのない動画になることもあります。初めにテロップの編集方法について説明します。その後で実習をしながら、私の動画編集でのテロップの入れ方や、作業をすばやく進めるノウハウなどをお伝えしていきますね。

テロップ基礎講座

**01** いろいろなテロップを入れるために、1分以上のシーケンスをつくってください。動画が [V1]、音声が [A1] に入ることになります。動画の最初の部分から始めましょう。動画のテロップを入れたい箇所に、再生ヘッドを移動してください。

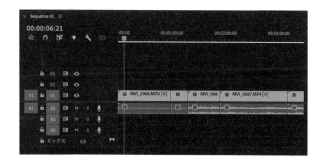

02 ここでシーケンスの左側にある［横書き文字ツール］をクリックして、［プログラム］パネルに表示されている画面をクリックすると、自動的に赤いテキストボックスが表示されます。とりあえず数字「123」と入力しておきますね。

クリック！

03 テキストを入力したら、位置、フォント、色、背景など細かい設定を調整しなければなりませんが、［編集］よりも［エッセンシャルグラフィックス］パネルがテロップ編集に最適化されています。上段に横並びのワークスペースバーから［グラフィック］を選択してください。動画を編集するときは［編集］、テキストを編集するときは［グラフィック］に切り替えるのです。

クリック！

学習　アセンブリ　編集　カラー　エフェクト　オーディオ　［グラフィック ≡］キャプション　ライブラリ

**04** ［グラフィック］モードでは、画面右側にテキストの編集ができる
ウィンドウが表示されます。テキストを編集するとき注意しなけれ
ばならないのは、常にテキストを選択した状態にしておく必要があるとい
う点です。テキストをダブルクリックするか、ドラッグしてテキスト全体
を必ず選択した状態にしてください。せっかく熱心に設定を変えたのに、
全然適用されない場合がありますが、それは文字が選択されている下の写
真のような状態になっていないからです。

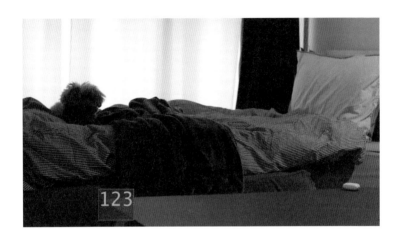

05 テキストを選択したら、右側のメニューから［編集］というタブを
押してください。すぐ下に「123」とテロップの文字が表示される
ので、ここをクリックすると、設定を変更できる編集画面が使用可能の状
態になります。

**06** 中ほどにある[テキスト]メニューを見ましょう。フォントスタイル、文字の太さ、フォントのサイズ、整列などを変更できるメニューです。使いたいフォントに変更してみてください。

次に、テキストの配置を変えてみましょう。デフォルトでは[テキストを左揃え]になっていますが、テロップは中央に配置することが多いので[テキストを中央揃え]にしておきましょう。

その右上の[100]という数値は文字のサイズです。デフォルトでは[100]ですから、文字を小さくしたければ数値を小さく、大きくしたければ数値を大きく設定してください。私は[45]程度のサイズを使っています。

テキストの
配置

Sueddu's
Tip

テロップをつくるときは必ず使う言語に合わせてフォントを選んでください。英字フォントだと日本語などに対応できず、ブランクとして処理されてしまいます。

**07** もし文字の間隔を広げたり縮めたりしたい場合は、字間を調整してください。整列アイコンのすぐ下の[VA]と表示されたアイコンが字間です。デフォルトの[0]と[1000]にした場合とでは、次のような違いがあります。

字間が［0］の場合

字間を［1000］に
調整した場合

08　ここでもう一度、メニューの上の方を見てみましょう。［整列と変形］
　　というメニューの中には様々なアイコンと数字があります。この中
で最も多く使うのが1段目の左の2つのアイコンです。

1つ目のアイコン［垂直方向中央］は、テロップを画面の縦方向で中央に配
置する役割、2つ目の［水平方向中央］は、テロップを画面の横方向で中央
に配置する役割です。テロップを画面のちょうど真ん中に置きたい場合は、

2つのボタンを両方押せばよい
ということになりますね。テ
ロップを画面の下の方で中央
に置きたい場合は、［ツール］
パネルの［選択ツールⓋ］を利
用して、テロップを好きな位置
に動かし、縦方向の位置を決め
た上で、2つ目のアイコン［水
平方向中央］を押せば正確に中
央に配置することができます。

09　メニュー画面の下の方にある［アピアランス］では、文字の色、縁取り、背景などを変更して設定することができます。基本項目としてチェックが入っている［塗り］では文字の色を変えられます。今は白色の表示になっています。もし色を変えたい場合は、［塗り］と書かれている左側の白色が表示されているボックスをクリックしてください。多様な色を選べるようになっています。

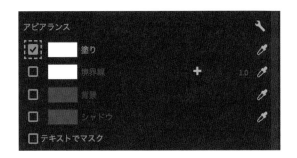

10　［境界線］とは縁取りのことです。チェックボックスをクリックしてチェックマークを入れると、文字に縁取りがつきます。［塗り］と同じように、左側の白いボックスをクリックすると縁取りの色が変えられます。また、右にある［1.0］という数字を上げ下げすると、縁取りの太さを調節することができます。1本の縁取りだけでなく、二重三重の縁取りにしたければ、［+］ボタンを押せば縁取りをさらに加えることができます。

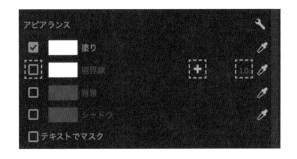

11 ┃ ［背景］はテロップの後ろに長方形の背景を表示する機能です。か
  ┃ なり明るい画面に白い文字のテロップを表示したい場合や、テロッ
プを動画から切り離してはっきり目立たせたい場合に使います。これまで
同様、チェックボックスにチェックを入れ、色を変えることができますし、
透明度の調節もできます。

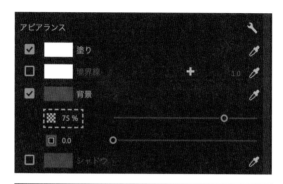

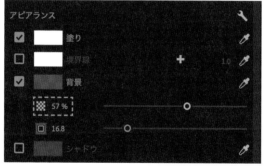

 透明度を調節できます

　私は不透明よりも半透明が気に入っているので、[30％] 程度の不透明度を使っています。同じ背景でも半透明と不透明では次のように違う感じになります。

 透明

半透明の背景

不透明の背景

13 　最後に［シャドウ］は文字の後ろに若干の影をつける機能ですが、最近では以前ほど使われなくなっています。他のオプションと同様に、色を変え、位置や鮮明度を調節することができます。

これまで見てきたように、フォントスタイルやサイズ、位置や効果をすべて適用したら、次は、動画全体にテロップを必要なだけ入れていく作業です。10分ほどの動画なら、テロップは少なくても50個以上入れることになりますが、今やってきた作業を50回繰り返すとなると気が遠くなりますよね？ これをすばやく簡単に解決してみましょう。

01 まずテロップを［V3］に移し、テロップのクリップの右端をドラッグして全体を伸ばします。

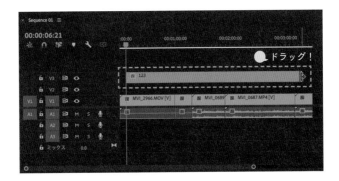

02 Ⓒキーを押して［レーザーツール］を選択し、テロップのクリップをクリックして細かく切り分けます。10回カットすれば、私が最初に設定したのと同じ設定のテロップが11個できるわけです。簡単でしょう？

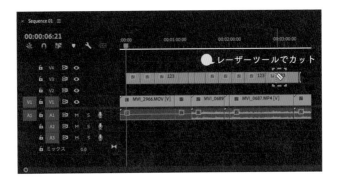

このようにカットしたテロップを、置きたい位置にそれぞれ移動させ、[横書き文字ツール] で画面の文字をクリックすれば簡単に内容を書き換えられます。このとき、再生ヘッドはいつも、自分が変えようとしているクリップ上にないといけません。

以上のプロセスを、P.2 のサポートページから、動画で見てみましょう。

03 テロップは、動画と同じように長さを縮めたり伸ばしたりすることができるし [Ctrl] + [D]（Mac[Command] + [D]）キーを押して前後に[ディゾルブエフェクト]をかけることもできます。テロップが自然に現れ、自然に消える表現もできるというわけです。
テロップの内容に合った長さに調整してみてください。長すぎても短すぎても読みづらいので、ほど良い長さにしてください。

補正について学んできましたが、同じシーケンスを使ってさらに進んでいきますから、ここまで完了したプロジェクトを [Ctrl] + [S]（Mac [Command] + [S]）キーを押して、いったん保存しておきましょう。

# カラー補正、
# 好きなカラーを探す

## #07

多くの方が関心を持たれているカラー補正のコーナーです。
カラーに関する基本的な事柄とともに
カラー補正の方法を学んでいきましょう。

*Editing with Premiere*

# カラーの基本

　カラーとひと言で言いますが、そこにはいろいろな意味が含まれています。明度、コントラスト、彩度、色温度……。

　明度は明るさのことです。動画の明るさ、暗さを決めるのが明度です。私は明るいより、少し暗い感じの動画が好きです。つまり、私の動画の明度は低い方です。

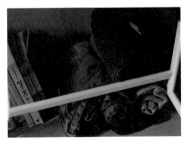 

コントラストは明るい部分（明部）と暗い部分（暗部）の差異、対比のことです。明暗とも言います。明暗のコントラストが強いと画面が鮮明でくっきりした感じになります。明暗のコントラストが弱いと画面がややくすんだ感じになります。下の写真のうち、真ん中がカメラで撮った元の画像で、上がコントラストを弱くしたもの、下がコントラストを強く調整した画像です。

コントラストを弱く
調整した写真

元の写真

コントラストを強く
調整した写真

　彩度は、鮮やかな色になるか、くすん
だ感じになるかの度合いです。同じ赤でも彩度が高い赤と低い赤では左の図のような違いが出ます。彩度を下げて［0］にすると、あらゆる色は無彩色になります。カラー写真から彩度を取り除けば白黒写真になるということです。

　次の３つの写真を見てください。彩度が高い写真、元の写真、彩度を［0］にした写真の順です。食べ物、子ども、花などの動画には、彩度が高いのと低いのとではどちらがふさわしいと思いますか？　もちろん彩度が高い動画ですよね。インテリア、家具、コーヒーのような動画には、彩度が低い方が似合うと思います。

　彩度が高い写真

　元の写真

彩度を［0］にした写真

　色温度については前に学んだことがありますね？ 撮影するときに、ホワイトバランスの設定でK値を上下させて変更しましたし、カメラに内蔵されているプリセットを使うこともできました。

　Premiere Proの補正機能を使って、色温度をある程度調整することができます。ただし、補正を始める前に、いろいろな人が撮った、できるだけたくさんの写真を見て、自分の好みに合う補正方法を探してみてください。コントラストが強いのと弱いのではどちらが好きなのか、彩度は高いのと低いのではどちらが好みか、どんな色が多いのが好きか……。

　自分の好みがはっきりわからないまま、あてずっぽうにいろいろ調整するよりも、自分が求めるものを確実に理解した上で補正をする方が、作業ははるかに速く、満足できる結果になると思います。


　私の動画を見てくださっている皆さんは、一度私の動画も分析してみてください。どんな特徴があるでしょうか？

　私はコントラストと彩度が低く、黄色が弱い動画をつくるように努力しています。黄色を抜く代わりに赤を入れます。やや薄紫色になるのはそのためです。

補正前の元の写真と比較してみましょう。上が元の写真で下が補正後です。

自分の好みが整理できたら、Premiere Proで補正して、自分のゴールに到達する方法を学びましょう。

01 | 補正をするためには、まず[調整レイヤー]というものをつくらなければなりません。シーケンスをつくるときと同じように、❶の[新規項目]アイコンをクリックして、❷[調整レイヤー]を追加します。

1 [新規項目]アイコンをクリック！

**02** つくった［調整レイヤー］はドラッグして［V2］に入れます。前の
実習で動画を［V1］に置いて、テロップは［V3］に置きましたよね？
［V2］はこの［調整レイヤー］のために空けておいたトラックです。これ
から私たちは［調整レイヤー］に［カラー補正］を入れることになりますが、
例えば、青みがかった補正を加えて［調整レイヤー］がテロップより上に
位置していると、テロップも青っぽくなってしまいます。これを避けるた
めに、テロップは［調整レイヤー］より上のトラックに置いておきましょう。

**03** テロップをつくるとき、編集モードを［グラフィック］に変えたよ
うに、補正をするとき、編集モードは［ワークスペース］から［カラー］
を選択します。パネルがカラー補正に適したものに変更され、画面の一番
右に［Lumetri カラー］というパネルが表示されます。補正はすべてこの
パネルで行います。

04 まず、[調整レイヤー] を長く伸ばして、動画の初めから終わりまで
を覆ってください。テロップをつくるときと似ていますね。[調整
レイヤー] をクリックして、右側にある [Lumetri カラー] のパネルを開き
ます。

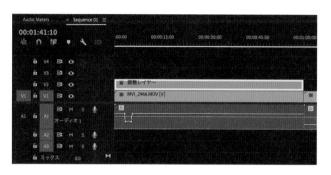

05 一番上の項目の [基本補正] か
ら詳しく見ていきましょう。
[LUT設定] は後で触れるので、とり
あえず次の項目は [ホワイトバラン
ス] です。カメラの設定でも変えられ
ますが、ある程度、後補正で調節する
こともできます。

[色温度] のレベルが左になると青み
がかった色合いで、冷たい感じの映像
になります。スライダーを右に移動
して数値を上げると、黄色っぽくて暖
かい感じになります。ここで私たち
は青の反対側にあるのがオレンジで、
補色の関係だということがわかりま
す。青を加えるとオレンジが弱まり、

オレンジを加えると青が弱まるという関係なのですね。

06 | 次は［色かぶり補正］です。左側には緑色、右側にはマゼンタが表
示されています。［色温度］と同様、補色の関係にある色で、真ん中
にある丸いスライダーを左に動かすと動画が緑っぽくなり、右に動かすと
ピンクを帯びた色合いになります。私はいつもマゼンタを4〜8程度入れ
るのですが、特に蛍光灯のもとで撮影した動画やスマートフォンで撮った
動画は緑がかった感じがするので、必ず変更しています。

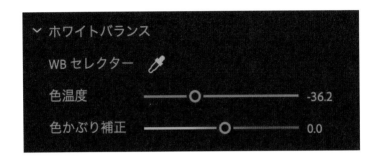

07 | その下に続く［トーン］という項目にもスライダーがあります。そ
れぞれの単語の意味をはっきり理解しておけば、調整は簡単です。
露光量、コントラスト、ハイライト、シャドウ、白レベル、黒レベル、彩度。
先に見た2つ同じように左が「ー」、右が「＋」です。

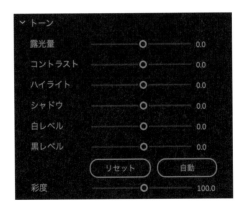

08 | 例えば、コントラストを弱くしたいときは［コントラスト］のスラ
イダーを左に動かしてください。コントラストが弱まり画面がくす
んだ印象になります。

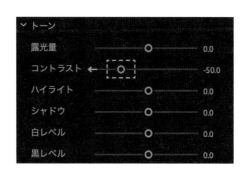

↓

09 ［ハイライト］と［シャドウ］もコントラストの一部を担っています。
［ハイライト］は動画の中の明るい部分だけを、［シャドウ］は暗い
部分だけを調節します。［シャドウ］は変更を加えず、［ハイライト］だけ低
くすると、明るい部分が少し暗くなりコントラストが弱まります。
［コントラスト］は、明部と暗部が1:1で上がり下がりするよう設定されて
いるのに対し、［ハイライト］と［シャドウ］は、1:3、2:5というように、自
由な比率で、より繊細な調整ができるようになっています。私は、暗い部
分を明るくするよりも、明るい部分を暗くする補正が好きなので、いつも
［シャドウ］より［ハイライト］の方を大幅に動かします。

最後に［白レベル］［黒レベル］は［ハイライト］や［シャドウ］と似た概念
ですが、動画の中の最も明るい部分、最も暗い部分を調整するものなので、
大幅に動かすと画面がとてもくすんだ感じになってしまいます。
［彩度］は［100］がデフォルトの設定値で、［100］より低くなるに従って
彩度が落ちていきます。そして［0］になると、無彩色、つまり白黒の動画
になります。反対に［100］より大きい値に設定すると、あらゆる色が鮮や
かになります。

10 2番目のメニュー［クリエイティ
ブ］は飛ばして、次の［カーブ］に
移りましょう。［カーブ］の中に［RGBカー
ブ］という項目があり、グラフが表示さ
れています。おそらくPhotoshopを使え
る方には見慣れたグラフだと思います。
まずこのグラフのどこがどのような意味
を持っているのか説明しますね。
右の図のAエリアは動画の明るい部分、B
エリアは暗い部分です。Aに変更が加わ

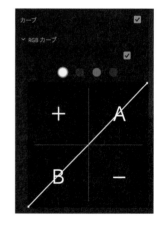

ると動画の明るい部分に影響が出ます。また、対角線の左上エリアは「＋」、右下エリアは「－」です。図の線は、基本となる曲線で白く表示されていますが、白と並んで赤、緑、青のボタンがありますね。それぞれの色をクリックすると、その色の曲線がグラフに表示されます。では、これら4つの線の役割を見てみましょう。

11 | まず、白い線は明るさを調整します。正方形の対角線上にある白い線は、右上に行くほど画像の明るい部分を、左下ほど暗い部分を調整できます。対角線を基準に白い線を左上に移動させるとより明るく、右下に移動させるとより暗くなります。線の中央をクリックして点を打ち、その点を対角線の左上側、右下側に動かすことで動画の明るさを調節できます。

例えば点を3つ打って、図のような曲線をつくると、動画の明るい部分がより明るくなり、暗い部分がより暗くなるというわけです。コントラストが強まったと言うこともできますね。

　次に赤いボタンを押して赤い曲線を表示してみましょう。赤の補色はシアンです。グラフに点を打ち左上側「＋」エリアに移動させると動画は全体的に赤みが加わり、「－」エリアに動かすと青みが強まります。

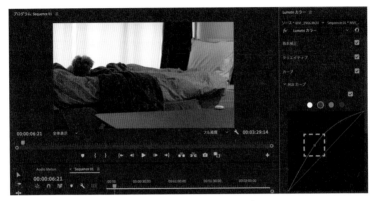

🔘 「＋」側に動かすと全体が
赤みを帯びます

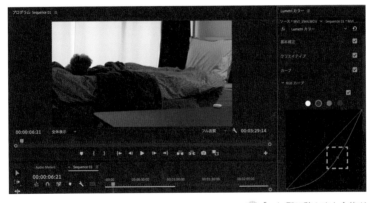

🔘 「－」側に動かすと全体が
青みを帯びます

例えば、グラフに点を3つ打って、左下の点だけを「－」エリアに動かすとどうなると思いますか？ 動画の暗い部分にだけ青みが加わり、明るい部分や中間部分には変化が起きないのです。

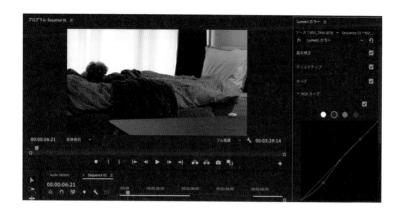

**13** 緑の補色はマゼンタ、青の補色はオレンジだという点は、一番初めに［色温度］［色かぶり補正］の項目で学びましたね？ 動画にピンク色を加えたければ緑を「－」に動かすということです。各色の曲線が担当する色が違うだけで、修正方法はどれも同じです。

映画のような映像をつくりたいときは、暗い部分に青や緑を加えますが、そういう場合には青の曲線と緑の曲線を利用して、暗い部分だけ色味を加えれば良いのです。

14 パネルの［RGBカーブ］
の下を見ると［色相/彩度
カーブ］という項目があり、5つ
の四角が見えます。名前は順に
［色相vs彩度］［色相vs色相］［色
相vs輝度］［輝度vs彩度］［彩度
vs彩度］です。ここでは、虹色の
横線が示された、上の3つについ
て詳しく見ていきましょう。

このメニューでは、調整したいと
思う特定の色だけ彩度を上げ下
げできるほか、特定の色を違う色
に変えることや、特定の色だけ明
るさを調節することなどができ
ます。今までは彩度を変更し、色
を追加したり明るさを調整する
のは、どれも動画全体への適用で
したが、ここでは好みにより、変
更を加えたい特定の部分だけを
補正できるわけです。

15 特定の色を選択するには、各メニューの右にある❶の［スポイト］
アイコンをクリックして、下の画面の中の❷のように指定したい色
に［スポイトツール］の先端をあててクリックします。まず［色相vs彩度］
から進めていきましょう。私はこの映像の中から、自分の手の部分を［ス
ポイト］で選択しました。

16 そうすると、虹色の線に3つの点が現れました。［スポイトツール］
が選択した色を認識して、最も近い色の3ヶ所が自動的に選ばれた
のです。両サイドの2点はそのままにして真ん中の点だけを下に引っ張っ
てみましょう。今調整しているグラフは彩度を担当しているグラフなので、
線を下に引きずれば彩度が下がり、上に引っ張り上げると彩度が高くなり
ます。私は今、彩度を下げたので、画面の中の肌の彩度が低くなったと思
います。

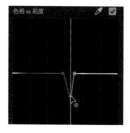

最も近い色3ヶ所が
選ばれます

**17** ［色相vs色相］も同じようにやってみましょう。［スポイトツール］で肌の色を選択し、線上にできた3つの点のうち真ん中を下げました。［色相vs色相］は色そのものを変える機能ですから、点をクリックして表示される縦の線が色相を表しているので、縦線に示されている色を参考にしながら上下させることができます。

この図の状態では、少し上げれば赤色、少し下げれば黄色に変わります。

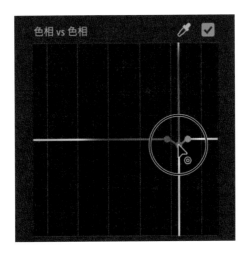

下の写真では、色相グラフを上げ下げしたときの肌の色の違いがわかります。上げたら肌に赤みがさし、下げると黄色っぽくなったように見えます。

**18** | 次の写真では、空と建物の彩度、色相、輝度を調整しました。グラフ
は図のようになっています。どの部分がどう変わったか、よく見て
みてください。

補正前

補正後

19 | 次は［カラーホイールとカラーマッチ］です。メニューをクリック
して開くと、虹色の丸が3つあります。

［シャドウ］［ミッドトーン］［ハイライト］という名前からわかるように、
画像の暗い部分、中間、明るい部分のカラーをそれぞれ調整できる機能
です。

20 | 例えば暗い部分に青を加えたいなら［シャドウ］の中央部分をクリ
ックして青側にドラッグして寄せていきましょう。このようなエフ
ェクトはすでに［カーブ］でも適用したことがあります。どちらのやり方
でも結果的には同じです。ただ、［カーブ］を利用すると一度に3つの色を
まとめて調節することができるという長所があるのに対し、［カラーホイー
ルとカラーマッチ］で適用する効果は直観的で簡単に操作できるという長
所があります。

21 | 映画や最近YouTube動画でもよく見かけるカラーグレーディング
に「ティール＆オレンジ」があります。青緑色（ティール）とオレン

ジ色の補色関係を利用した補正方法です。シャドウに青緑色を加え、ミッ
ドトーンとハイライトにオレンジ色を加えるというやり方です。下のよう
な映像が「ティール＆オレンジ」補正をしたものです。

22 最後のメニューが［ビネット］です。ビネッティングという言葉を
聞いたことはありますか？ 画像の縁を暗くすることで中心部を際
立たせ、映像の印象を変えることができるエフェクトです。

［ビネット］のメニューで［適用量］
を「ー」側に調整し、画像の縁を暗
くします。

左に移動するほど
縁が暗くなります

**23** ここまで習った様々なメニューを使って、自分の好みに合う調整レイヤーを1つつくってみてください。補正が完成したら、❶［調整レイヤー］を右クリックして❷［名前を変更］で、覚えやすい名前に変えます。

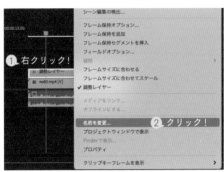

**24** ただし、ある1つの［調整レイヤー］が、どんなクリップにも合うというわけではありません。屋外で撮った動画もあれば、室内で撮った動画もあり、曇りの日も晴れの日もあれば、カメラで撮ることもスマートフォンで撮ることもあって、1編の動画の中にはこのように様々な動画が混在しているからです。

再生ヘッドを移動し、つくったばかりの［調整レイヤー］が適用されている動画全体にざっと目を通し、補正が強すぎると感じるクリップからは［調整レイヤー］を外してください。

25 ［調整レイヤー］をクリックして、［エフェクトコントロール］パネ
ルを開き、［不透明度］を望むレベルに下げてみてください。［70%］
［50%］［30%］……、動画に合うと思った数値に設定しましょう。こうして、
［調整レイヤー］のすべての効果が弱くなると、かなり自然な感じになりま
すね。

　［調整レイヤー］自体は気に入っているのに、元の動画が明る過ぎ
るから明るさを抑えたいとか、元の動画のコントラストがかなり強
いから弱めたいというような場合は、［調整レイヤー］ではなく、ビデオク
リップの方をクリックしてください。その状態で［カラー］パネルを開き、
［調整レイヤー］をつくったときと同じように、変えたい部分を修正しまし
ょう。こうすれば、［調整レイヤー］を削除しなくても一部の動画クリップ
だけにエフェクトを入れることができます。

以上のような方法で動画の初めから終わりまで、［調整レイヤー］を入れて
みてください。


　完成しましたか？ ではここで［Lumetri カラー］を使って補正した動画
のビフォー＆アフターをご覧いただき、私がどんな補正をしたのか、完成
した動画にはどんな特徴があるか、よく見て分析してみてください。

全般的にコントラストを弱め、ピンク色を加えました。特に木製プレートの色合いに注目してください。黄色が強かったのですが、補正後は赤みを帯びた感じになりました

黄色っぽく撮れた夕焼けが、赤みがかった色合いに変わりましたね。［色相 vs 色相］で黄色の部分の色相を少し上げるとこうなります

青っぽい色合いだったのが紫色に変わりました。［色温度］と［色かぶり補正］を両方とも「＋」方向に上げました。コントラストはどのようにして下げたか、わかりますよね？

# 補正を簡単にできる
# LUT ファイル

## 08

「LUT」という言葉を聞いたことがありますか？ おそらく補正に関心が高い人たちには聞き慣れた単語ではないかと思います。You-Tuber たちが、YouTube やブログなどを通じて、LUT ファイルを無料で公開したり販売したりしています。今回は、LUT ファイルについて学びましょう。

　LUT は、ユーザーがつくった補正に関する設定値をファイルに保存したものです。私が自分の補正方法を LUT ファイルに保存して誰かに渡したら、その人は私と同じ補正方法を使うことができるというわけです。

　もちろん、私がこれまでに何度も強調したように、撮影の場所、時間帯、カメラの機種などが違うので、同じ補正方法を使ったとしても、完全に同じ感じになるとは限りません。それでも、こういうファイルがあれば、補正が楽にできるのは確かですね。

　それでは、LUT ファイルを保存して、読み込む方法について一緒に見ていきましょう。

まず自分がつくった［調整レイヤー］を選択して、Premiere Pro
**01**　の［カラー］から［Lumetri カラー］パネルを開いてください。

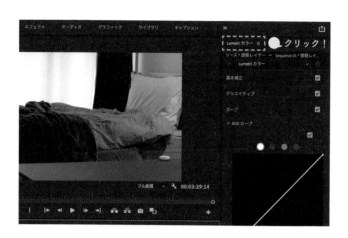

［Lumetri カラー］というメニュー名の右に三本線のアイコンが
**02**　ありますね。❶このアイコンをクリックして、❷［Cube 形式で書
き出し］を選択すると、自分がつくった［調整レイヤー］のすべての設定
がファイルに保存されます。

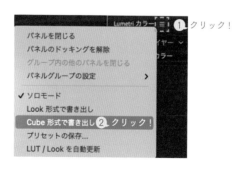

**03** まず［キューブ LUT を書き出し］画面に好きな名前を入力して保存してください。

こうして保存した LUT ファイルを使いやすい状態にするには、今書き出したファイルをどこか決まった保存場所に保存してください。自分が保存したファイルだけでなく、ダウンロードしたファイルも同じ保存場所に入れるようにしてください。

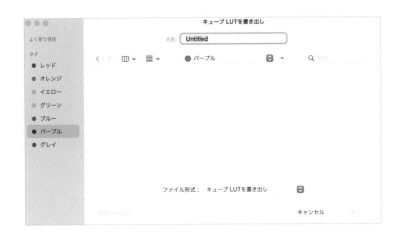

Sueddu's Tip　ファイル保存場所と経路
Windows > C: Program Files – Adobe – Premiere Pro 2021 – Lumetri – LUTs – Creative
Mac > Finder – 移動 – アプリケーション – Adobe Premiere Pro 2021 – Adobe Premiere Pro 2021 右クリック – パッケージの内容を表示 – Contents – Lumetri – LUTs – Creative

**04** ここで Premiere Pro に戻り、［Lumetri カラー］の［クリエイティブ］メニューを開きます。［Look］という部分をクリックすると、基本設定で保存されている多様な LUT ファイルと並んで、自分が保存した LUT ファイルを見ることができます。

クリエイティブ

Look　なし

クリック！

強さ　　　　　　　　　　○　　　100.0

なし
カスタム
参照...
CineSpace2383sRGB6bit
Fuji ETERNA 250D Fuji 3510 (by Adobe)
Fuji ETERNA 250D Kodak 2395 (by Adobe)
Fuji F125 Kodak 2393 (by Adobe)
Fuji F125 Kodak 2395 (by Adobe)
Fuji REALA 500D Kodak 2393 (by Adobe)
Kodak 5205 Fuji 3510 (by Adobe)
Kodak 5218 Kodak 2383 (by Adobe)
Kodak 5218 Kodak 2395 (by Adobe)
Monochrome Fuji ETERNA 250D Kodak 2395 (by Adobe)
Monochrome Kodak 5205 Fuji 3510 (by Adobe)
Monochrome Kodak 5218 Kodak 2395 (by Adobe)
SL BIG
SL BIG HDR
SL BIG LDR
SL BIG MINUS BLUE
SL BLEACH HDR
SL BLEACH LDR
SL BLEACH NDR
SL BLUE COLD
SL BLUE DAY4NITE

**05**　使いたい LUT ファイルを選択し、画面の下にある［強さ］を使っ
て強度を調整できます。［100］が基本値です。強度を弱くするに
は数値を小さく、強くしたければ高い数値に変更します。おそらく、高く
するよりも低くすることの方がずっと多いはずです。

クリエイティブ

Look　sueddu2

強さ　　　　　　　○　　　56.9

好みの強度に調節する

下の写真は、私がつくった LUT ファイルを［100］で適用したときと、［50］で適用したときの違いです。［100］よりは［50］の方がやや自然な感じがしますよね。

　この［強さ］は、すべての［調整レイヤー］に対してではなく、今適用した LUT の強さだけを調整するものです。もし LUT のパラメーターのうち何かを修正したかったら、［調整レイヤー］を自分でつくったときと同じように、［露出］［カーブ］［色温度］などを追加的に調整してみてください。

# 人目を引く
# オープニングムービー

「導入部(イントロ)」という意味合いを持つオープニングムービーは、動画が本格的に始まる前に、おもしろそうな内容や動画のアイデンティティを表現するグラフィック、あるいはハイライトシーンを集めて、最初にまとめて見せる動画のことです。例えば、マーベル映画はどうですか? 映画が始まる前に MARVEL というロゴと共に、いくつものシーンが次から次へと現れては消えていきますよね。オープニングムービーを見るだけで、誰もがこれはマーベルの映画だとわかるのです。

Vlogの視聴者やあなたの動画に初めて接する人々にとってのオープニングは、第一印象を決める大切なものです。好奇心を刺激し、人の目を引くオープニングムービーはどうやってつくればいいのでしょうか?

ここでは、2つのオープニングムービーをつくってみましょう。
P.2のサポートページから、サンプル動画をあらかじめご覧ください。

01 　動画本編の中から、一番おもしろい！ きれい！ 大切！ と思うシーンのクリップを選んでください。1つだけでもいいし複数でもかまいません。ただ、オープニングが1分を超えてしまうと、むしろ飽きられたり興味が失われたりもするので、あまり長くならないように調節してください。そして、選んだクリップの上に調整レイヤーを置いて、オープニングで使う動画の初めから終わりまで全体を覆うようにしてください。

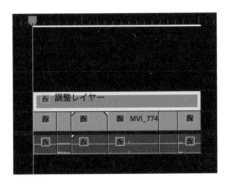

02 　［調整レイヤー］をクリックして、❶［エフェクト］タブから、❷［クロップ］というエフェクトを検索します。［クロップ］は画面の一部が見えなくなるようにカットするエフェクトです。

2 ［クロップ］を検索

Editing with Premiere

03　ドラッグして[調整レイヤー]に適用したら、[エフェクトコントロール]を開き、[上]部分の設定を変更してみましょう。画面の上半分が黒くなり、見えなくなったことがわかります。

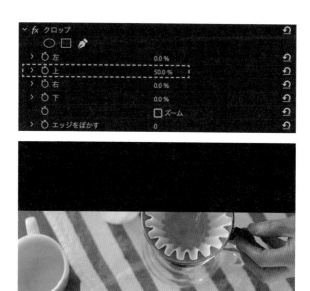

🌀 [上][50%]を適用した場合

04　真っ黒な状態から動画が始まり、画面が上下に開いていくようにしたいので、[上]だけでなく[下]も[50%]に設定を変更してください。

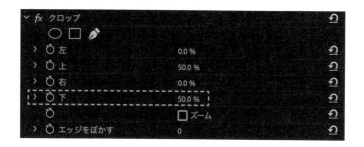

**05** ここまでできたら、再生ヘッドを［調整レイヤー］の一番初めに移動させてください。一番初めの部分は、動画が見えない状態になっていれば正常ですが、先に進むにしたがって画面が開くように変化させたいわけです。

◉ 再生ヘッドは一番端に

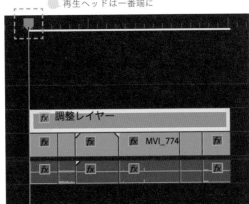

**06** ここで必要なのが、ストップウォッチのアイコン［アニメーションのオン／オフ］です。これをクリックすると、ストップウォッチアイコンが青色に変わり、アクティブになったことを表します。

◉ ［アニメーションのオン／オフ］が
適用されアクティブになりました

07 ［上］と［下］の［アニメーションのオン／オフ］をアクティブにすると、右側にひし形のマーク［キーフレームの追加/削除］が2つ現れたのがわかります。このマークには［上］［下］それぞれを［50%］の値に合わせたことが記録されています。

08 次に、画面を完全に開いた状態にしたい箇所に、❶再生ヘッドを動かしてください。そして❷［上］と［下］の値をどちらも［10%］に変えます。ストップウォッチアイコンがアクティブになっている状態なので、値が変更されるとその都度「キーフレーム」のひし形のマークが表示されます。

❶ 再生ヘッド
を動かす

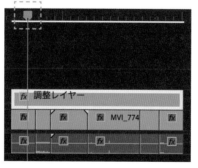

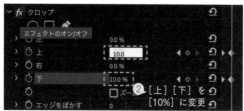

❷［上］［下］を
［10%］に変更

09　［クロップ］を［10%］に設定したので、画像が開いた後は、下の写
　　　真のように上下に黒い部分が生じた状態になっています。もしも、
真っ黒な画面から始まり、画面が全部見えるようになる設定にしたかった
ら、［クロップ］の値を［0%］にしてください。

01　今回も、これまでと同じように、オープニングムービーで使う動画
　　クリップを読み込み、シーケンスに入れてください。いつもは [V1]
[A1] トラックを使いますが、今回は動画を 1 つ上の [V2] に入れ、音声は
[A1] を使ってください。[V1] には動画の代わりに [カラーマット] とい
うものを入れることにします。

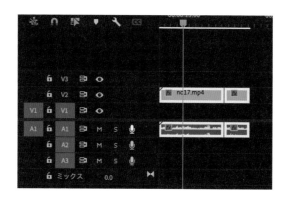

02　❶ [新規項目] アイコンをクリックして開き、❷ [カラーマット] を
　　選択します。サイズはデフォルトの 1920 × 1080 をそのまま使い
ます。

1 [新規項目] アイコンをクリック！

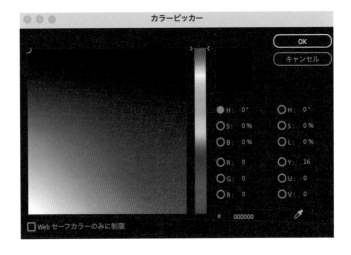

新規カラーマット

ビデオ設定

幅： 1920    高さ： 1080

タイムベース： 24.00 fps

ピクセル縦横比： 正方形ピクセル (1.0)

キャンセル    OK

03　設定を終えて［OK］ボタンを押すと［カラーピッカー］というメニューが現れるので、虹色のバーからどんなカラーを使うか決めて、左側の正方形の中でポインターを動かし、明度、彩度を決めることができます。右下の［スポイト］アイコンを使って、使いたい部分の色を持ってくることもできます。［スポイト］の使用方法は以前に説明したことがありますね？［スポイト］をクリックして、使いたい部分に当てて再びクリックしてください。［OK］ボタンを押して、［名前］を入力したら、［カラーマット］が［プロジェクト］パネルに表示されます。

カラーピッカー

OK

キャンセル

H: 0°        H: 0°
S: 0%        S: 0%
B: 0%        L: 0%

R: 0         Y: 16
G: 0         U: 0
B: 0         V: 0

□ Web セーフカラーのみに制限        # 000000

04 私は下の図のようなオレンジのカラーマットをつくりました。そし
てこのマットを［V1］に入れてオープニング動画と同じ長さになる
ように伸ばしました。しかし、今の状態では動画と［カラーマット］の画
像サイズが同じなので、ただ動画がそのまま見えるだけです。動画の下に
ある［カラーマット］が見えるように動画のサイズを少し小さくしなけれ
ばなりません。

［カラーマット］のサ
イズが同じなので動画
だけが見える状態

**05** ［カラーマット］ではなく、動画クリップをクリックして選択し、［エフェクトコントロール］パネルを開き［スケール］を［90］程度に設定してみましょう。動画の画像サイズが少し小さくなり、縁の部分に下にある［カラーマット］が見えるようになります。

でも、動画の画像サイズの比率は16:9で縦に比べて横がかなり長いので、スケールを利用してサイズを下げるだけでは、上下左右の縁の太さが同じにはなりません。

**06** こういう場合は、「オープニングムービー01」で使ったエフェクト［クロップ］が役に立ちます。動画に適用する［クロップ］の設定値を下の図の数値に合わせてみましょう。上下を少し多めに、左右はやや少なめにカットします。

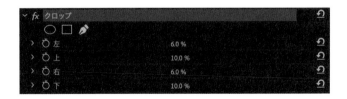

上下左右がほぼ同じ幅になり、いいバランスにカットできました。

07 　今この動画クリップを [クロップ] を使ってカットしたように、後
　　に続く他のクリップも同じようにカットしないと、1つのオープニ
　　ングムービーという感じにならないので、最初の動画クリップの [エフェ
　　クトコントロール] で、❶ [クロップ] を右クリックして、❷ [コピー] を選
　　択します。

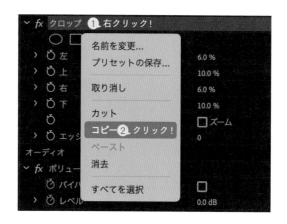

08 　2つ目の動画クリップで、❶［エフェクトコントロール］タブを右ク
　　　リックして、❷［ペースト］を選択します。このプロセスをすべて
のクリップで繰り返します。あるいは、「オープニングムービー01」でや
ったように、［調整レイヤー］を動画クリップ全体にかぶせて、［調整レイ
ヤー］に［クロップ］エフェクトを適用するという方法もあります。この
場合、トラック構成は、［V1］:［カラーマット］、［V2］:動画クリップ、［V3］:
［調整レイヤー］となります。

09 　それでは次に、動画に文字を入れてみましょう。文字のサイズ、フォ
　　　ントスタイル、カラーまですべて変えて設定してみてください。私
は、「VLOG」という文字が画面にまず現れて、少し間を置いて「in london」
という文字が出るようにしたいと思います。

「VLOG」と書いたテキストレイヤーの選択を解除して、もう一度［横書き
文字ツール］で画面をクリックして文字を書き入れます。そうすると
「VLOG」テキストレイヤーの上に新たなテキストレイヤーがもう1つでき
ます。もし、先に書いた「VLOG」レイヤーの選択を解除せずに横書き文字
ツールを利用して画面を再びクリックすると、テキストレイヤーは追加
されず、元からあったレイヤーに文字が追加されてしまいます。

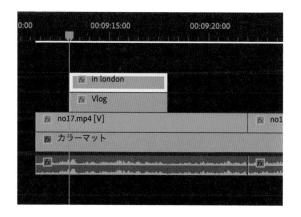

10 | 画面上では2行に見えたとしても、トラックで確認してテキストレイヤーのクリップが1つしかないとすると、2つの字幕を別々に登場させたり、別々にエフェクトをかけたりすることはできなくなります。だから、必ず既存のテキストレイヤーの選択を解除した上で、レイヤーを追加して文字を書き入れてください。

11 「VLOG」が画面に登場してから、少し遅れて「in london」が画面に
現れるようにしたいなら、下の図のように長さを調節しなければな
りません。こうすれば、文字が順番に現れますね。

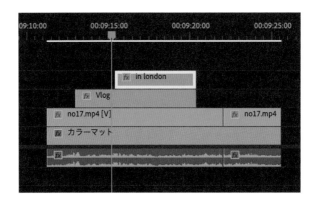

ここまでに学んだことを組み合わせて、自分だけのすてきなオープニング
ムービーを完成させてください。

## 小さな違いで感性をいかす
## 動画用おすすめフォント

このページでは、フォントをダウンロードできるサイトをいくつかお教えしましょう。デザインを学ぶ機会があまりなかった方々は、フォントの重要性についてはそれほど気にならないかもしれませんね。Mac はまだしも Windows にインストールされている標準フォントには格好いいものは少なく、センスのない感じがしてしまいます。だから、フォントをぜひダウンロードして使ってください。

欧文フォントは大きく分けて2種類のタイプがあります。「セリフ」と「サンセリフ」です。日本語のフォントが「明朝体」と「ゴシック体」に分かれるのと同じですね。

セリフは文字の端に縦や横の短い飾りの線がついているフォントのことです。セリフがないものをサンセリフと言います。最近は手書き風のフォントに人気があって、今の2種類に加えて、スクリプトと呼んで別の種類として区分します。

**Nouvelle Vague**

Comfortaa

源暎ちくご明朝

**KEEP CALM**

🔘 セリフ　　　　　　🔘 サンセリフ

YouTube で自分のチャンネルを育てようと思ったら、「商用利用可能なフリーフォント」をダウンロードする必要があります。動画に広告をつけて、収益を創出するようになるということは、商用利用に属するからです。

日本語のフリーフォントなら、私のおすすめは「FREE JAPANESE FONTS」（https://www.freejapanesefont.com）いうサイトです。上の方にある「Commercial-use OK」をクリックすると、商用利用可能なフォントが探せます。「PHOTOSHOPVIP」（https://photoshopvip.net）というサイトもおすすめです。「無料デザイン素材」から「フリーフォント」をクリックすると、センスのよいフォントがみつかります。コンピュータにインストールさえすれば、Premiere Pro でもすぐ使うことができます。

センスが良くて、かわいい日本語フォントをいくつかご紹介します。
利用条件やライセンスは各フォントメーカーのサイトをご確認くだ
さい。

モボ                    いろはマルみかみ


マメロン                ラコフォント


ゆずポップＡ            ぎゃーてーるみねっせんす


ぼくたちのゴシック２    ロゴたいぷゴシック
レギュラー              コンデンスド


超極細ゴシック          ＪＫ ゴシックＬ


源暎ちくご明朝          コーポレート明朝

英語フォントを探すときは、「DaFont」というサイト（https://www.dafont.com）を利用することをおすすめします。種類も豊富で、ひと目でどんなフォントかわかるように並べられています。使いたいフォントを決めたら、クリックして制作者が明示している使用範囲を必ず確認してください。有料フォントは、ライセンスを購入するリンクが表示されているケースが多いです。無料フォントの場合は、そのままダウンロードするか、制作者に寄付できるようにもなっています。

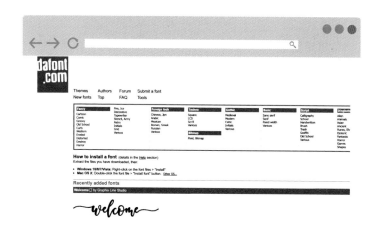

　フォントを買うのを負担に感じて、購入する前から気をもむことはないですよ。英語フォントは他言語フォントに比べてかなり安い金額でライセンスを購入できます。私がいくつか購入した英語フォントはだいたい12ドルから60ドルの間でした。

　ハングルフォントは、個人がライセンスを購入するには価格が割と高いので、月額方式を利用して短期間のうちに使うことが多いです。日本語フォントにも、月額または年額を選択して利用できるサブスクリプションサービスがあるので、ぜひ探してみてくださいね。

# *Sueddu Plus Tip #5*

## 知っておくと便利なショートカットキー

どんなソフトであれ、ショートカットキーを使えば作業効率は上がり、とても役に立ちます。Premiere Pro でよく使う基本的なショートカットキーを、ひと目でわかるようにまとめてみました。使用頻度が高いので、すぐに覚えられると思います。

V：選択ツール

A：トラックの前方選択ツール

C：レーザーツール

T：横書き文字ツール

Ctrl + K：編集点を追加

Ctrl + D：
　　ビデオトランジションを適用

Ctrl + Shift + D：
　　オーディオトランジションを適用

Ctrl + I：読み込み

Ctrl + M：メディアを書き出し

Ctrl + C：コピー

Ctrl + V：ペースト

Ctrl + X：カット

Ctrl + S：保存

Ctrl + Shift + W：
　　プロジェクトを閉じる

Ctrl + Q：終了

Delete：消去

Ctrl + Alt + S：
　　コピーを保存

Alt +クリック：
　　1つのクリップだけ選択/削除

Alt +ドラッグ：コピーして移動

Q：前の編集ポイントを再生ヘッド
　　までリップルトリミング

W：次の編集ポイントを再生ヘッド
　　までリップルトリミング

Sueddu's
Tip

Mac では Ctrl の代わりに Command を、Alt の代わりに Option を使ってください。

# オーディオを調整する

どんなにすてきな動画だとしても、たった1つの要素で完成度が左右されることがあります。人は思ったよりも音に敏感なのです。Vlogでも同じです。自分の日常を代弁してくれるもう1つの大事なポイント、オーディオについて詳しく学ぶ時間を持ちましょう。

# ASMR

# 波

#雨音

#自然

# 音量調整

## #01

動画の編集についてはひと通り学んできました。
次は、オーディオを調整する方法について学んでいきましょう。

*Balancing Audio*

動画編集に携わる人々の間には、こんな言葉があります。「プロとアマチュアの違いはオーディオだ」。それほどまでに、動画に占める、音声の比重は相当なものなのです。単に音量を調節する方法だけでなく、動画に適材適所の効果音を入れる方法や、音声が自然に消えていくようにする方法、そして音源はどこからダウンロードするかということまで、実際の動画制作に欠かせない内容をご紹介します。

> ▶
> 動画の音量調節

まずシーケンスのオーディオトラックを、編集しやすいように広げましょう。[A1]トラックの下の縁をクリックして下にドラッグすると、トラックの上下幅が広がります。広げる前にはよく見えなかったオーディオの波形と白い線がはっきり見えますね。
BGMと効果音は別として、普通の動画の音声でできる作業はそれほど多くはありません。音量調節、消去、ノイズ除去、増幅、トーン調整などです。

もちろん動画クリップでしたのと同じように、カット、コピー、削除、複製といった基本的な編集は可能です。まず、今までつくったシーケンスを、最初から通して再生してみて、音量が適当かどうか調べてみましょう。編集するノートパソコンやデスクトップのボリュームを、普段自分が聞くときのボリュームに調整してから作業を進めてください。

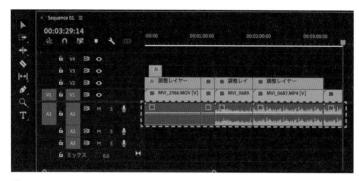

〰 オーディオの波形と線が見えるように下にドラッグします

適度な音量は、自分の耳で判断することもできますが、シーケンスの右側に客観的な判断の助けになる[オーディオメーター]が表示されています。動画を再生すると、緑色のバーが上下して、最大出力の音量が何デシベルなのかわかります。

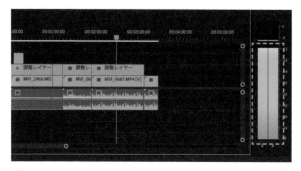

〰 オーディオの音量がわかる[オーディオメーター]

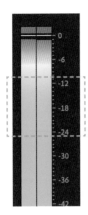

適度な音量は -12 から -24の間です。これより低いと小さくてよく聞こえないし、これより高いと大きくなりすぎて聞きづらいです。特に音量レベルが0を指すとスピーカーが破れるような音が出たりします。だから音量はどんな場合も0に届かないよう気をつけてください。

もし動画の音声がとても小さくて、あるいはとても大きくて、ボリュームを調節する必要がある場合、方法は2通りあります。オーディオクリップで直接調整するか、[オーディオクリップミキサー] を使う方法です。1つずつ順に説明しましょう。

## 01 | オーディオクリップで直接調整する

修正したいオーディオクリップがあるときは、そのクリップを選択してください。すべてのオーディオクリップの中間部分に白い線があります。この線が音量（dB/デシベル）を意味します。基本は [0] に位置していますが、[15.0dB] まで上げることができ、下は [-999.0dB] まで下げることができます

ご参考までに、ここで調整する音量と[オーディオメーター]で見る音量は、違う値なので混乱しないように注意してください。例えば、オーディオクリップで-4を示したとしても、[オーディオメーター] の最大音量が-4dBになるのではなく、動画に録音されている元のオーディオの音量から-4dBほど減らしたという意味になります。

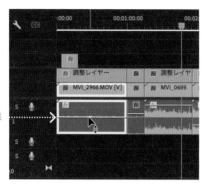

基本 [0] の状態

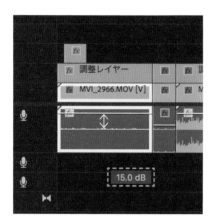

15.0 dB

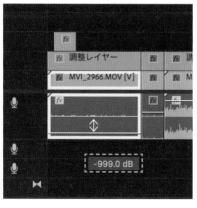

-999.0 dB

## 02 | オーディオクリップミキサーで調整する

　[エフェクトコントロール] タブの横に [オーディオクリップミキサー] というタブがあります。もしこのタブが見つからなかったら、[ウィンドウ] を開いて [オーディオクリップミキサー] をクリックすると、パネルが表示されます。ここではすべてのオーディオトラックをひと目で見ながら音量を調整することができますが、ここに見えるオーディオは、選択されたクリップを反映しているのではなく、再生ヘッドが位置するクリップを反映しています。必ず、ボリュームを修正したいオーディオクリップに再生ヘッドを置くようにすれば、間違えることはありません。

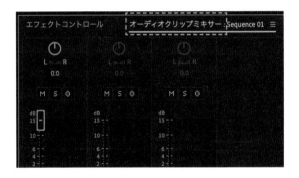

　例えば、以下のような状態では、クリップ2が選択されていますが、再生ヘッドはクリップ1にあるので、[オーディオクリップミキサー] に反映されているのはクリップ1の音声になります。

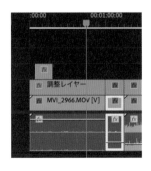

左にある長方形の［ボリューム］タブを上げ下げすれば、音量を調整することができます。さきほどシーケンス右側で見た［オーディオメーター］も同時に見えますから、修正しやすいですよね。今はオーディオクリップがトラック1しかないので、［オーディオ1］だけがアクティブになっていますが、後でBGMと効果音などをトラック2、トラック3に追加すると、［オーディオ2］［オーディオ3］もアクティブになります。

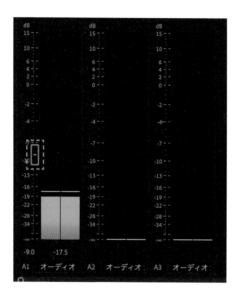

小さい音を大きく、大きな音は小さく調節したら、次は必要のない音を除去してみましょう。動画が再生されても何も音が出ないクリップや、やたらと騒々しい音が一緒に録音されてしまったクリップなどの音声を消したい場合は、次のようにしてください。

まず削除したいオーディオクリップを、Alt（MacOption）キーを押しながらクリックしてください。ビデオクリップかオーディオクリップのどちらかを普通にクリックすると、どちらか一方をクリックしても両方がセットで選択されますが、Altキーを押しながらクリックすると、別々に切り離して単独で選択できます。

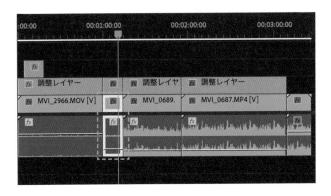

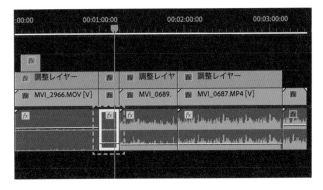

オーディオクリップだけ選択したら、Deleteキーを押して削除してください。ビデオクリップは残り、オーディオクリップだけ消えたことがわかります。この空いたスペースにはBGMを入れることもできますし、他のクリップの音声を持ってくることもできます。

特に前後のクリップに連続性があるシーンなら、前か後にあるオーディオ
クリップを伸ばして、複数のビデオクリップに1つのオーディオクリップ
を適用することもできます。

P.56の課題で撮影したマルチアングルの動画を1つに編集して〔P.120～
123で編集〕上のような動画をつくったことを覚えていますか？ クリップ1
の間にクリップ2を挟み込むスタイルでしたが、クリップ1もクリップ2も、
どちらも同じ環境で撮影したものなので、3個に分かれたオーディオを使
うより、長いオーディオを1つだけ使う方が、ずっと自然な感じになり
ます。

次のページで示した作業プロセスのように、2つのオーディオクリップを
削除して、1つのオーディオクリップを長く伸ばしてください。もちろん
この方法を使おうとする場合は、オーディオクリップが、ビデオクリップ
よりも長いものでなければならないということになりますね。

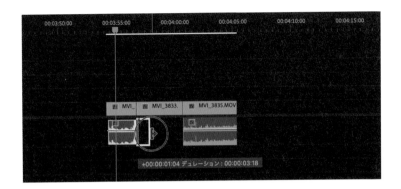

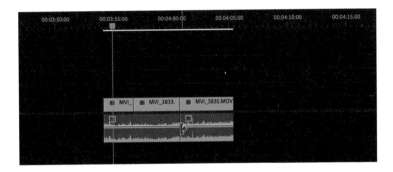

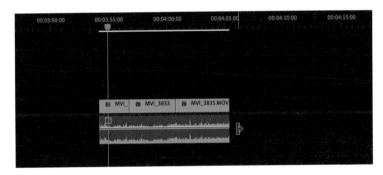

3つのクリップのオーディオを1つでカバーします

*Balancing Audio*

## 自然な仕上がりに

今回は、音楽が自然に始まり自然に終わる効果を学びましょう。動画ではすでに Ctrl + D（Mac Command + D）キー、[ディゾルブ] エフェクトを習いましたね。オーディオでも同じエフェクトを適用することができます。ですが、今回はショートカットキー Ctrl + Shift + D（Mac Command + Shift + D）〔[オーディオトランジションを適用]〕を使います。

これにより、動画の始まりと終わりに [指数フェード] というエフェクトをかけることができます。フェードイン、フェードアウトという言葉は聞いたことがありますか？ 動画や音楽が自然に始まり自然に消えていく効果のことです。多くの動画で使われています。動画の[ディゾルブ]やオーディオのフェードイン／アウトはこういう役割をします。

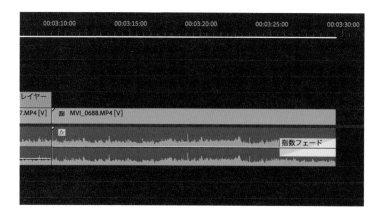

たった今適用したフェードイン／アウトの効果を、伸ばしたり縮めたり削除したりする方法は、動画に適用した [ディゾルブ] と同じです。でも、もし適用した効果が不自然な感じがして、もう少しきめ細かな修正をしたいなら、次のようにしてみてください。

オーディオクリップの白い線にマウスポインターをあてて Ctrl （Mac Command ）キーを押すと、マウスポインターが ［＋］ に変わります。その状態で白い線をクリックすると線に点（キーフレーム）を打つことができます。

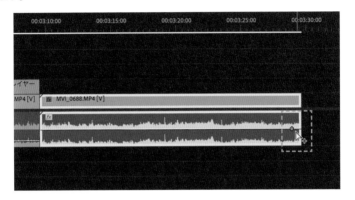

少し離れた左側に同じように点をもう1つ打ってください。そして右側の点を下に引っ張り、［-999.0dB］ に調整します。こうすると、ずっと ［0dB］で流れていた音声が次第に小さくなって、最後はまったく聞こえない状態になります。点と点の間が離れているほど音声はゆっくり小さくなり、点と点の間が近いと、より短時間でフェードアウトします。同じ方法で、動画の始まりの部分にもこのような効果を適用してみてください。

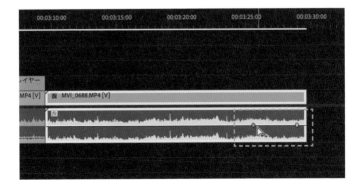

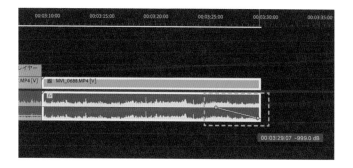

Ctrl（Mac Command）キーを使ってキーフレームを打つ方法を身につけ
たら、次のようなこともできます。

　オーディオの中間部分にとても大きな音があるとか、消したい音がある
ような場合、その部分だけ音量を下げるのです。こういうときは点が4つ
必要になります。オーディオクリップには波形が表示されているので、ど
の部分の音が大きいかは見れば確認できます。その音を中心に、両側に2
つずつ点を打ち、間の線をクリックして下にドラッグすればよいのです。
私は、動画の途中で、[オーディオメーター]で見て、0dBに迫る大きな音
が出る部分があると、いつもこの方法でその部分の音量だけ下げています。

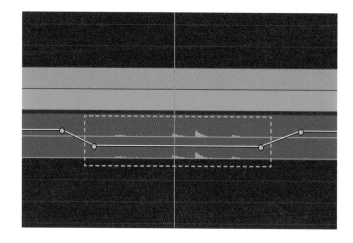

映画やドラマの編集で頻繁に使われるオーディオ編集テクニックがあります。ひょっとして映画やドラマでこんなシーンをご覧になったことはありませんか? 画面には主人公の顔が出ているまま、コンコンとドアをノックする音が聞こえ、その後で画面がドアの方に切り替わります。

ドアをノックする音を、ドアを見せるより先に聞かせるのです。こうすることで、画面転換の前に好奇心を刺激し、動画が単調になるのを防げます。まずは P.2 のサポートページから、サンプル動画をご覧ください。

1つ目の動画では、ノックの音の後で画面が玄関に変わり、2つ目の動画では、列車の音が聞こえてからプラットホームに画面が切り替わりました。以前学んだキーフレームを利用して、このように編集しました。

映像より少し前に音声が始まるように配置し、音量が徐々に大きくなるようキーフレームを2つ打ち、始まりを [-999.0dB] に下げます。

この工夫は、動画のベースになる音声だけでなく効果音でも使えます。

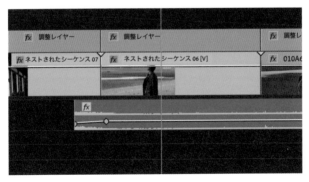

ビデオよりオーディオが先に始まり、次第に音が大きくなります

Balancing Audio

# 動画をより立体的に、
# BGMと効果音

∝　動画のベースとなるオーディオの編集がすべて終わったら、
　　次は BGM を入れましょう。
　　この章では、BGM と効果音について学びます。
　　BGM をダウンロードするサイトは Tip ページでお教えします。

まず、[プロジェクト] パネルで、BGM に使う音楽を読み込みます。あらかじめ音楽フォルダをつくって入れておけば、作業をよりスムーズに進められると思います。

動画は、シーケンスに入れる前に [ソースモニター] でプレビューして、イン点／アウト点を設定しました。これと同じように、音楽ファイルもダブルクリックすれば [ソースモニター] 上で試聴することができるし、イン点／アウト点を設定することもできます。

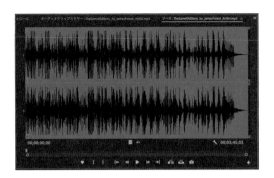

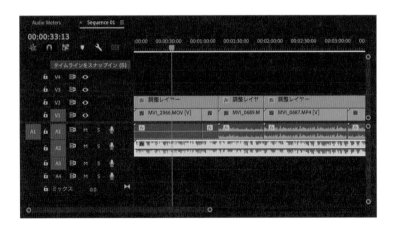

[ソースモニター] で見ることができるオーディオの波形

まず、この音楽ファイルをシーケンスにそのまま入れます。ドラッグして
[A2] トラックに入れてください。オーディオクリップをカットし、音量
を調節し、速度を調節し、フェードイン／フェードアウトを自然な感じに
仕上げる方法はすでに学びましたね。編集方法は動画とほとんど同じです
から、新たに覚えなければならないことはありません。

では、BGMを少しでもセンスよく使うには、どうしたらよいでしょうか？

## 01 | BGMのリズムと、動画の転換をシンクロさせる

　　すべての音楽に波形があることを先ほど確かめました。音楽の雰囲気によって波形も違いますが、リズム感がある音楽だと、波形が所々で大きくなるのがわかります。このように大きな拍子で始まるのに合わせて動画が切り替わると、完成度がぐっと高くなります。P.2のサポートページから、サンプル動画をご覧ください。

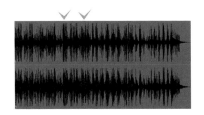

一般に、このような編集方法は、セリフや字幕なしに画面をすばやく転換して見せる、旅行の動画や広告などで使われることが多いです。動画の全体をBGMのリズムとシンクロさせることはできませんが、イントロ部分や、強調したいシーンで上手に編集すると、かなりセンスのいい動画をつくれると思います

まず、ビデオトラックの下にBGMをドラッグして入れてください。トラックは［A2］になります。

音楽クリップの始まりの部分を見ると、音が出る前に短い波形の空白が見

えます。私は、動画の始まりと音楽の始まりを合わせるため、この部分を
カットして音楽の始まりを左に寄せました。

音楽と動画を一緒に再生して、強い拍子で音が出る部分に動画の始まりを
合わせてください。動画を縮めたり伸ばしたりして、位置を少しずつ調節
してタイミングを合わせていきます。私は、動画づくりでは音楽を後から
決めるスタイルなので、こういうやり方になりますが、音楽を先に決めて
から作業を進める方も多いです。音楽のリズム感をいかすためBGMをま
ずシーケンスに入れておいて、そのリズムに合わせて動画をカットして合
わせていきます。

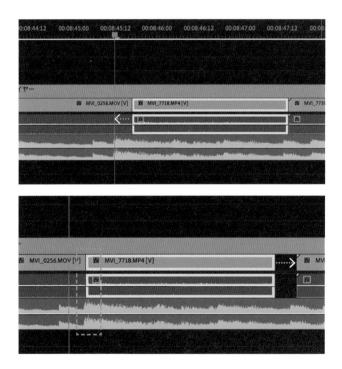

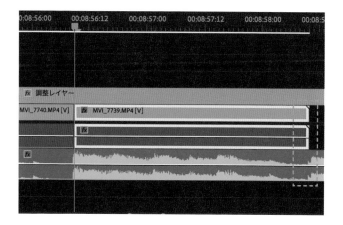

## 02 | 音楽は映像より長く

　動画を初めて編集する初心者の方は、映像が終わると同時に音楽も
ピタッと切ってしまう場合が多いようです。でも、映画の終わりにクレジ
ットが流れることを思えば、映像が終わっても少しの間、音楽を流し続け
てもいいですよね。余韻を残して、ゆったりと終わっていく感じになり
ます。

それでは、ゆとりのあるオーディオ編集をして、初心者っぽさから脱皮し
ましょう。音楽を映像より少し長めにしておいて、映像より遅く消えるよ
うにキーフレームを打てばいいわけです。

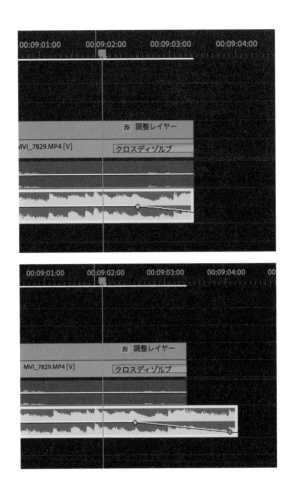

さらに言うと、YouTube に動画をアップするようになったら［終了画面］
という機能がありますから、音楽を映像より長くしておけば、この［終了画
面］が出ている間、音楽が流れ続けます。ぎこちなさもなくなり、視聴者を
飽きさせることもなく、完成度を大きく高めることになります。

[終了画面]は、動画が終わった最後の部分を使える機能で、自身の他の動画を宣伝できます。YouTubeに動画をアップした後で、設定メニューに入ると、[終了画面]をつくることができます。動画が終わった後もBGMを流し続け、関連動画のサムネイルを見せれば、映画のクレジットのように、完成度の高いエンディングになります。それに、視聴者が私の他の動画を自然にクリックするように誘うこともできるので、一石二鳥ですよね。

## 03 │ 物足りなさを感じるときに入れる効果音

私は、動画に効果音をかなり多く入れる方です。撮影のときに録音が十分にできないこともあるし、思い通りにいかない状況で音声を使用できない場合も時々あるからです。P.2のサポートページでご覧いただく動画の音声は、すべて効果音だけで編集したものです。

鳥の鳴き声、風の音、波音、人々のざわめき……、すべてダウンロードして使った効果音です。元の動画のオリジナル音声は、風の音がとてもうるさくて使えませんでした。

普段私は、効果音を、YouTube の［オーディオライブラリ］からダウンロードしています。十分に使える効果音がいろいろとあって、音声ファイルとして［オーディオライブラリ］からダウンロードすることができます。

### オーディオ ライブラリ

| | | | 時間 | カテゴリ |
|---|---|---|---|---|
| | 無料の音楽 | 効果音 スター付き | | |
| | カテゴリ | ✕ | ルタ | |
| | ☐ フォーリー | | | |
| ▶ | ☐ ホラー | | 0:03 | 道具 |
| ▶ | ☐ 家の中 | | 0:01 | 道具 |
| | ☐ 人間の声 | | | |
| ▶ | ☐ 衝撃音 | | 0:17 | 武器や兵器 |
| ▶ | ☐ オフィス | | 0:20 | 武器や兵器 |
| | ☐ SF | | | |
| ▶ | ☐ スポーツ | | 0:06 | 武器や兵器 |
| ▶ | ☐ 道具 | | 2:10 | 動物 |
| | ☐ 交通 | | | |
| ▶ | ☑ 水 | | 7:21 | 天気 |
| ▶ | ☐ 武器や兵器 | | 0:25 | 交通 |
| | ☐ 天気 | | | |
| ▶ | | | 0:07 | ホラー |
| ▶ | 適用 | | | |
| ▶ | Air Horn In Close Hall - Series | | 1:23 | 交通 |

### オーディオ ライブラリ

無料の音楽　効果音　スター付き

カテゴリ: 水 ✕

| | 効果音 ↑ | 時間 | カテゴリ |
|---|---|---|---|
| ▶ | Air Woosh Underwater | 0:01 | 水 |
| ▶ | Cooking Pot Filling In Sink Slowly | 3:30 | 水 |
| ▶ | Drinking from Water Fountain | 0:07 | 水 |
| ▶ | Fountain Water Bubbling | 0:11 | 水 |
| ▶ | Glass Of Ice Pour Into Sink | 0:12 | 水 |
| ▶ | Humidifier Bubble | 0:35 | 水 |
| ▶ | Kitchen Sink | 0:20 | 水 |
| ▶ | Kitchen Sink Drain Close | 0:19 | 水 |
| ▶ | Kitchen Sink Drain Close | 0:52 | 水 |
| ▶ | Large Bubbles Surfacing | 0:27 | 水 |

効果音も、動画や音声を編集したのと同じ方法で、イン点／アウト点を設定して、タイムラインに入れて使います。動画のオリジナル音声は［A1］、BGMは［A2］、効果音は［A3］……、このようにトラックを使い分ければ、クリップの数が増えても混乱しなくて済むでしょう。
以下では、動画のオリジナル音声が［A1］、効果音が［A2］に入っています。自転車に乗るシーンなので、自転車の音を大きく表現するために効果音をダウンロードして入れたものです。

# 騒音の多い場所で撮った
# 動画のオーディオ編集

動画を編集するとき、［エフェクトコントロール］パネルでエフェクトを
検索して使ったのを覚えてますね？ 今回は、オーディオに使うエフェク
トをいくつかご紹介しましょう。動画撮影で録音した音声がとても小さい
場合や、周辺の音がうるさかったときに使えるエフェクトです。

## *01* クロマノイズ除去

［クロマノイズ除去］は、文字通りノイズを減らすエフェクトです。オー
ディオから、録音内容などに関係なく続けて聞こえる「サー」という音を
「ホワイトノイズ」と呼びます。ホワイトノイズが強いと、その動画の音
声を聞き続けるのが嫌になってしまいます。録音設定を調節せずにオート
モードで撮影した場合などに、ホワイトノイズは強くなります。それでは、
［クロマノイズ除去］の使い方を見てみましょう。

［エフェクト］パネルで［クロマノイズ除去］を検索してください。［ク
ロマノイズ除去］をドラッグして、編集したいオーディオクリップに適用
します。

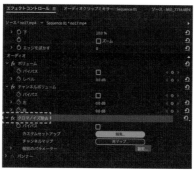

他のエフェクトと同様に、オプションの修正は［エフェクトコントロー
ル］パネルを開いて行います。［エフェクトコントロール］パネルを開く
と［クロマノイズ除去］が追加されているので、［編集］ボタンを押して
ください。

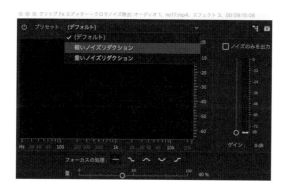

上のようなウィンドウが現れるので、［プリセット］から［軽いノイズ
リダクション］を選択してください。そしてこのウィンドウをそのまま閉
じてください。エフェクトが適用されたオーディオを聞いてみると、元の
ものと比べてホワイトノイズがほとんど聞こえなくなったのがわかると思
います。

このエフェクトが適用される前と後を聞き比べたいときは、オーディオクリップに表示されている［fx］マークをクリックすれば、適用前と適用後を比べられます。

［fx］がオフになっていればエフェクトは適用されず、オンになっていればエフェクトが効果を発揮します。

## 02 Multiband Compressor（マルチバンドコンプレッサー）

［Multiband Compressor］は、音声を増幅するエフェクトです。はっきり聞こえないとか、弱い小さい音を大きくしたいときに使います。

布団ががさごそ音を立てるシーンを撮ったのに、録音した音が小さすぎるようなケースを想定してみましょう。音量を調整してボリュームを上げるのは［+15.0dB］が限界なので、こういう小さい音には効果がありません。こういう場合に［Multiband Compressor］が役に立ちます。

［エフェクト］パネルで［Multiband Compressor］を検索し、音声を増幅したいオーディオクリップに適用してください。

　［エフェクトコントロール］パネルを開き、［Multiband Compressor］の［編集］ボタンを押してください。［Multiband Compressor］専用ウィンドウが立ち上がります。一番上にある［プリセット］のタブを開き、ここから［ポップマスター］を選択してください。エフェクトを適用する前と比べて、音が大きくなり鮮明に聞こえるのがわかると思います。もちろん、このエフェクトにも限界はあり、ほとんど聞こえないような小さな音に適用しても十分に増幅することはできません。でも、サンプル動画で聞いたような、日常音を除去した話し声に使っても効果があります。また、安価な機材を使った場合や、音源とカメラとの距離が遠かったせいで口ごもったように聞こえる声もある程度補正されます。

# 動画に必要な良い音源を探す

動画にBGMを入れる方法には、次の3通りがあります。1）無料音源を使う。2）お金を払って有料音源を使う。3）有料音源を使うが、収益創出はしない。もちろん、3番目の方法を利用しようとする人は少ないでしょう。せっかくつくった動画の収益が自分に1円も入ってこないからです。それでは、無料音源と有料音源を探せるサイトを紹介しましょう。

## *01* 無料音源

### 1. YouTube オーディオライブラリ

　YouTubeは、動画制作者のために多くの情報と素材を提供しています。アカウントアイコンをクリックして［YouTube Studio］を開き、メニューから［オーディオライブラリ］に入れば、様々な無料音源をダウンロードすることができます。ジャンル／ムード／アーティスト／時間などのカテゴリで検索することもできます。思いのほか多様で良い音源が多いので、私もチャンネルが育つ前は、［オーディオライブラリ］を愛用していました。

タイトルの左にある［音声トラックを再生］をクリックすると試聴できます。一番右の［追加日］の下の年月にマウスポインターを当てると［ダウンロード］に変わり、それを押せばダウンロードできます。

［ジャンル］をクリック

クリエイティブ・コモンズ著作者表示

もし右から2列目の［ライセンス］の所に、［cc］〔クリエイティブ・コモンズ・ライセンス〕と表示されていたら、その音源は、無料で利用できるけれど「帰属表示」が必要な音源だという意味です。音楽を動画で使用する際、動画の説明欄にソースとアーティスト名やURLなどを掲載しなければなりません。

Kevin MacLeod の *Heart of the Beast* は、クリエイティブ・コモンズ - 著作権表示必須 4.0 ライセンスに基づいて使用が許諾されます。
https://creativecommons.org/licenses/by/4.0/

ソース: http://incompetech.com/music/royalty-free/index.html?isrc=USUAN1100209

アーティスト: http://incompetech.com/

　［無料の音楽］の横に［効果音］というタブもあります。ここから各種の効果音をダウンロードできます。［トラックのタイトル］の検索で使えるのは英語だけなので少し不便ですが、音質がとても良い効果音を簡単にダウンロードできるので気に入っています。私が使う効果音は99％ここからダウンロードしています。

　仮に自分が必要とする効果音と完璧に一致するファイルがなかったとしても、似たようなファイルをダウンロードして、速度を調節し、切ってつなげて、自分が使いたいように編集することができるからです。

　各種の水の音は water、歩く音は step、風が葉を揺らす音は leaves、波打つ音は waves crashing……などの言葉で検索してみてください。もちろんここもカテゴリ別に分かれています。

## 2. ロイヤリティフリーミュージック

　無料音楽を探す2つ目の方法は、著作権フリーの音楽を検索することです。YouTube で、「Royalty free music」「Free music」「No copyright music」などのワードを入れて検索すれば、多くの動画が出てきます。ミックスリストには、似た雰囲気の動画が集まっている場合が多いので、フィーリングに合いそうなリストに入ってみれば、あまり時間をかけずに音源を探すことができるでしょう。それぞれの動画には、たいてい説明欄に音源ダウンロードのリンク先が示されています。

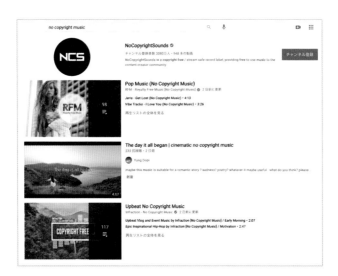

YouTube の他に「SoundCloud」（https://soundcloud.com）にも無料音楽をつくり配布しているアーティストがたくさんいます。同じように「Royalty free」「Free music」のようなキーワードで検索すると、気に入る曲やアーティストを探すことができるでしょう。

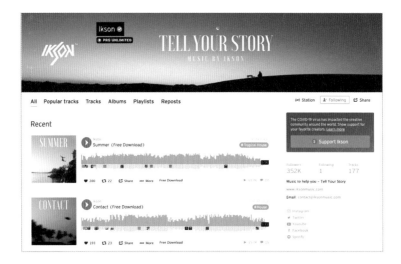

無料音源を利用するほとんどの場合、動画に出典を明示することが求められています。必ず、アーティスト名と原曲のリンク先 URL を説明欄に掲載してください。


## *02* 有料音源

　有料音源サイトはたくさんありますが、その中から 3 つだけご紹介します。

### 1. Artlist（アートリスト／ https://artlist.io/jp）

　Artlist は、私が現在利用中の音源サブスクリプション・サービスです。月額 16.60 ドルでサイトの中にあるすべての音源を使うことができます〔支払方法は年払いのみで、音楽のみの利用で年額 199 ドル〕。他のサイトが使用範囲によって料金が分かれているのと違って月額約 16 ドルで、個人動画、広告、放送などすべての領域で使用できます。

　有料音源サイトの大半は英語のため、不便かもしれませんが、Artlist は

インターフェイスがすっきりしていて、YouTube のオーディオライブラリのように、ジャンル／ムード／楽器／時間ごとに音楽を選んで探すことができるようになっています。大部分がインディーズ・ミュージシャンの楽曲です。

2. Soundstripe（サウンドストライプ／ https://www.soundstripe.com）

　Soundstripe の料金プランは、音楽のみ（19 ドル／月払い）、音楽＋SFX（27 ドル／月払い）、音楽＋ SFX ＋ビデオ（55 ドル／月払い）の 3 つのプランが用意されています。年払いだと割安になります。SFX には多様な効果音、環境音が取り揃えられていて、ビデオにも多様なテーマの各種ビデオクリップが用意されています。

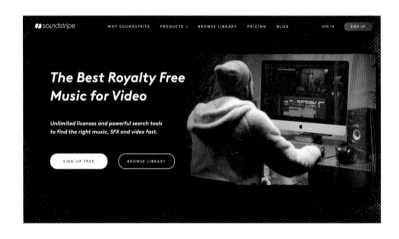

3. Epidemic Sound（エピデミックサウンド／ https://www.epidemic-sound.com）

　このサイトの特徴は、チャンネルの規模により料金が変わるところにありますが、月額 15 ドルから始まります。企業のためのビジネスプランもあって、利用者の希望によって、長期のサブスクリプション利用ではなく、音源 1 つだけを商用利用のために購入することもできます。他のサイトに比べ、料金の負担感がやや大きいのですが、ポピュラーで良い楽曲が多く、人気があるのも当然です。

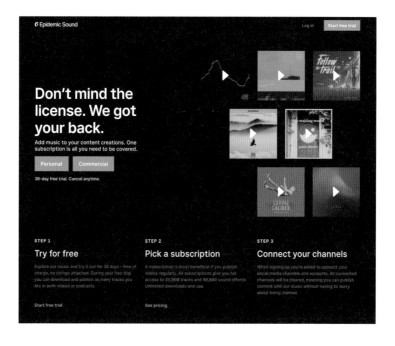

動画を撮影する方法や編集方法、音楽の使い方
など、初歩から学んできた私たちも、今や完成
段階にたどり着きました。初めが肝心と言いま
すが、どう締めくくるかが実はとても大事です。
この章では、動画の完成段階で忘れてはならな
いポイントをお教えします。

Vlogを完成する

#サムネイル

#YouTuber

#人生最高の写真

#保存

# 動画を保存する

ここまで一緒に学んできた皆さん、お疲れさまでした。いよいよ私たちは最終段階に突入します。どんなにすてきな動画を撮って編集したとしても、保存方法を間違えれば、涙を流すことになります。適切に保存する方法をお教えしますね。

**01** ついに、動画を MP4 ファイルに保存する段階になりました。完成した動画の一番終わりに再生ヘッドを合わせて、ショートカットキー ⊙ を押して、シーケンスにもアウト点を表示しましょう。もし、動画が終わっても真っ暗な画面をしばらくの間表示し続けたいなら、再生ヘッドを動画よりも少し後ろに移動させて、アウト点を設定してください。

ただ保存するだけなら簡単にできますが、もし、シーケンスの終わりの方に自分が見落としているクリップが残っている場合には、それも含めて動画が保存されてしまいます。ここで終わりという箇所に、必ずアウト点を設定するようにしてください。

**02** その状態で Ctrl + M（Mac Command + M）キー、または［ファイル］―［書き出し］から書き出しメニューに入ってください。つくったファイルをプロジェクトとして保存するときには、Ctrl + S（Mac Command + Sキー）や、［ファイル］―［保存］ですが、1つの動画として保存するときは、［保存］ではなく、必ず［書き出し］をしなければなりません。

**03** ここで、［書き出し］設定を一緒にやってみましょう。

形式：H.264

プリセット：YouTube 1080p フル HD

出力名：保存の経路と名前を指定

［ビデオを書き出し］［オーディオを書き出し］が

チェックされているか確認

幅 1920 ×高さ 1080 を確認

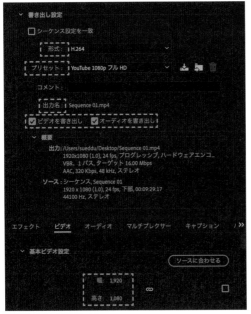

FHD サイズではなく 4K 動画を制作した方は、プリセット部分で［フル HD］の代わりに［4K］を選択してください。

04 　左側に動画プレビュー画面が表示されます。自分が保存しようとする動画の最終的な長さが正しいか、間違えた部分はないか確認して、[書き出し]ボタンを押すと、レンダリングプロセスを経て拡張子.mp4 のファイルとして保存されます。

🌀 動画プレビュー画面

05 　Instagram にアップロードするために動画を正方形に調整したい方もいると思います。そういう場合は、[基本ビデオ設定]で、縦横の数値の右にあるアイコン（フレーム縦横比を維持したままサイズを変更するときにオンにしておく）をオフにして、[1080 × 1080]に変更してください。

　そして、左側のプレビュー画面の上部にある［ソースのスケーリング］

を［出力サイズ全体にスケール］に変えてから書き出しを終えてください。
縦横比 1:1 の正方形動画が完成します。

06　私はこのように最終的に動画が 1 つ完成すると、*テロップ、ロゴ、BGM を取り除いた動画*を別に保存しておきます。後で他の動画で使うことになるかもしれないからで、再び編集する必要がある場合の備えです。すべての動画は iCloud と Google ドライブにそれぞれデータをバックアップして管理しています。外付けハードディスクへのバックアップが便利だという方もいます。

# YouTube に
# アップロードする

いよいよ本当の終わりが来ました。
完成させた動画を自分で見るだけではなく、
他の人たちに公開したくなりますよね？
それではいよいよ、完成した動画を YouTube に
アップロードしましょう。

**01** YouTube を開き、Google アカウントでログインしてください。画面の右上にビデオカメラに「＋」マークが入ったアイコンが見えますか？ このアイコン［作成］を押すと［動画をアップロード］のボタンが表示されます。

動画の公開範囲を決めて、アップロードアイコンを押してアップ
する動画ファイルを選択してください。

動画がアップロードされるのを待つ間、このページを開いたまま
にしてください。その間に、[詳細][サムネイル][再生リスト][視
聴者] などを設定してください。

　そして、次の写真を見ると、私が何も入力していないのに、すでに［基
本情報］の［タイトル］欄と［説明］欄が記入済みになっているのがおわ
かりかと思います。自分の他の SNS アカウントにリンクを張るとか、自
分が使用するツール、チャンネル登録と［高評価］を押してもらうようお
願いするなど、動画をアップするたびに同じ内容を繰り返し書くことにな
るはずです。そこで、その都度いちいち書かないですむように、私のよう
にあらかじめ［デフォルト設定］をしておくと便利です。

ENG/

詳細 ───○─── 動画の要素 ───○─── チェック ───○─── 公開設定 ───○───

## 詳細

タイトル（必須）❓
ENG/

4/100

説明 ❓
*Please turn on the caption in the video settings*
*動画設定で日本語字幕をＯＮにしてください*

. 영상을 감성적으로 만들어줄 sueddu LUT 3종.
https://class101.app/e/sueddu/created-by

. 영화같은 일상 브이로그를 위한 촬영 및 편집 강의
https://101.gg/sueddu-class

. English versions of my lecture on making videos are available now!
Find out a variety of know-how including my shooting techniques and color grading at the link below!
https://en.class101.net/products/sueddu

動画をアップロードしています...

動画リンク
https://youtu.be/i47dI3TrIEw 📋

ファイル名
Sequence 01.mp4

アップロード中（91%） 残り 28 秒

次へ

サムネイル
動画の内容がわかる画像を選択するかアップロードします。視聴者の目を引くサムネイルにしましょう。詳細

📷➕ ❓
サムネイルをアップロード

再生リスト
動画を 1 つ以上の再生リストに追加します。再生リストは、視聴者にコンテンツを素早く見つけてもらうのに役立ちます。詳細

選択 ▼

視聴者

この動画は子ども向けですか？（必須）

ご自身の所在地にかかわらず、子ども向けに制作するコンテンツは児童オンライン プライバシー保護法（COPPA）とその他の法律を遵守する必要があります。クリエイターは、子ども向け動画であるかどうかを申告する義務があります。子ども向けコンテンツの詳細

ⓘ パーソナライズド広告や通知などの機能は子ども向けに制作された動画では利用できなくなります。ご自身で子ども向けと設定した動画は、他の子ども向け動画と一緒におすすめされる可能性が高くなります。詳細

◯ はい、子ども向けです

◯ いいえ、子ども向けではありません

∨ 年齢制限（詳細設定）

*YouTube Studio* で［設定］―［アップロード動画のデフォルト設定］に入ると、［タイトル］と［説明］欄に入れる文章を作成することができます。これがデフォルト設定となり、動画をアップロードする際に自動で表示されることになります。もちろん、この部分は後で個別の動画をアップロードする際に追加や修正が可能です。

　では、初めての YouTube 動画をアップロードしましょう！
［タイトル］［説明］その他を入力し、［次へ］ボタンを押すと［動画の要素］ページに移り、3 ページ目［チェック］を経て［公開設定］のページに移ります。ここで［非公開］［限定公開］［公開］の 3 つの中から選び、必要に応じて［スケジュールを設定］の日付を入力し、最後に［公開］や［保存］など、右下の青いボタンを押すとアップロード完了です。

# 一瞬で人々を引きつける
# サムネイルをつくる

どんなに上手に動画をつくっても、
人目に触れないことにはチャンネルは育ちません。
また、頻繁に「おすすめ欄」に上がるようになったとしても、
視聴者がクリックしてくれなければ意味がありませんね。
瞬時に人々の目を引くサムネイルについてお伝えしましょう。

私のチャンネルを初めて見る人が、私の動画をクリックしてくれるとしたら、それはタイトルとサムネイルのおかげです。YouTube で動画を探すと、タイトルがかなり長い動画があるのがわかります。これは全部キーワードだからなのです。同じ動画でも、タイトルをどのように掲げるかによって、クリック率を大きく左右します。

**ひきこもりの日常　Vlog**

178万 回視聴・3 年前
字幕

**私が冬を暖かく過ごす方法・
焼き芋. Sueddu Vlog**

108万 回視聴・2 年前
字幕

**夏のナイトルーティーン：家
で働く夜**

238万 回視聴・1 年前
字幕

1. ＃ 23：ささいな日常 Vlog
2. サラリーマン Vlog。退勤して家でチキン＆ビールする日常。ホームパーティー

　この 2 つのタイトルのうち、どちらの視聴回数が多いと思いますか？たいていの場合、多いのは 2 番のようなタイトルです。

　1 番のように、「＃ 23」みたいな意味のない文字がタイトルの一番初めにあると、スマートフォンで YouTube を見ようとしても、本当に重要な後半の内容が見えません。タイトルには重要ではない内容はできるだけ入れないようにしましょう。それから、タイトル 1 でキーワードになりうる単語は「日常」「Vlog」の 2 つだけですが、タイトル 2 では「サラリーマン」「Vlog」「チキン＆ビール」「日常」「ホームパーティー」と 5 つもあります。人々がこのようなキーワードを入れて YouTube で検索したとき、自分の動画がピックアップされる確率がそれだけ高くなるということです。

　サムネイルの場合はどうでしょうか？ 視覚的に印象づけるのは文字よりもサムネイルの映像ですが、最近では、人の目を引くためサムネイルに文字を大きく入れるスタイルが流行っています。視覚に訴えるタイトルとともに、派手で目につく映像をサムネイルで使えるといいですね。

　動画の中で一番おもしろい部分や、一番きれいなシーンをキャプチャーしたり、あるいは動画を撮影している途中で、写真を別に撮っておけば、後でサムネイルのために使えます。人々の好奇心を刺激するサムネイルこそが、最も良いサムネイルと言えます。

　次の 2 つのサムネイルをよく見比べてみましょう。

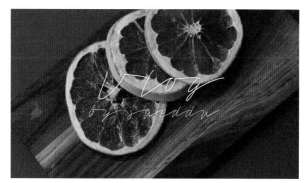

🔵 写真によって印象が違うサムネイル

　同じようなサムネイルですが、写真が違うから印象が違いますよね？
私は普通1つの動画について、2〜3個の写真をサムネイル候補にしてお
いて、どれが人目を引くか、じっくり考えることにしています。

　写真を選んだら、次は、文字を入れなければなりません。今度もまた、
2つのサムネイルを見比べてください。

（写真の中のハングルはフォントが違うだけで内容は同じ）

**ホームカフェ 01**

**甘くておいしいホットチョコレート**

　いかがですか？ フォントの重要性を感じていただけましたか？ 以前、テロップの章で無料／有料フォントをダウンロードできるサイトをご紹介しましたね。動画の雰囲気に合わせてセリフ、サンセリフ、スクリプトのうちどのタイプにするかをまず決めたら、多少はフォントを選びやすくなるのではないでしょうか。

　フィーリング重視の動画なら、草書体のようなスクリプト体、明朝体のようなセリフ体が似合うはずです。情報伝達が目的の場合や、文字を大き

く強調したいときには、サンセリフ体が合うと思います。フォントの種類
や大きさによって、サムネイルが与えるイメージは本当に大きく変わりま
す。写真も重要です。

　下の写真は、同じフランス旅行をテーマにした Vlog サムネイルですが、
1つ目は雰囲気を大切にしたサムネイルで、2つ目は少し活動的ではつら
つとした感じがすると思います。もしも何かおもしろそうな旅行動画を探
している人なら、1つ目よりも2つ目のサムネイルをクリックするでしょ
う。
　ですから、サムネイルには、自分の動画の雰囲気に合う写真とフォント
を使ってくださいね。

# 初心者YouTuberが見落としがちなこと

今ここに、新人YouTuberとしての一歩を踏み出した皆さん、おめでとうございます。本を締めくくる前に、YouTubeチャンネルを数年に渡って運営した経験に基づいて、いくつかのアドバイスをお伝えしたいと思います。忘れたり見落としたりしがちなことですから、気に留めておいてもらえば、チャンネル運営に役立つと思います。

## *01*　YouTubeの分析機能をしっかり活用すること

　YouTube Studioには、「アナリティクス」（分析）という機能があります。今月はチャンネル登録者がどれくらい増え収益はどうなったか、前月と比べてどんな成果が生まれたかなどを詳しく見ることができます。

　何をきっかけにチャンネルに入ってきたか、視聴者の訪問経路を見ることもできますし、視聴者の国籍、年齢、性別まで知ることができます。

　［視聴者］タブでは、「チャンネル登録者の総再生時間」という項目がありますが、チャンネルの成長のためには、チャンネル登録者の増加だけでなく、「新しい視聴者」や「リピーター」がどれだけ増えているかが大切です。チャンネル登録者は多い方がいいですし、登録して視聴し続けてくれる人の比率が高ければ、チャンネルが成長期を経て安定段階に入ったことになります。チャンネルを成長させ続けたいと思ったら、まだチャンネル登録をしていない多くの視聴者に、動画を見てもらう必要があります。

　また［上位の地域］あるいは［字幕の利用が上位の言語］項目を通して、自分が今後もっと気を配らなければならないのは、どこの国の視聴者なのかを考えることができます。仮に韓国人視聴者より中国人視聴者が多いとしたら、中国語字幕を追加すべきだというように。

結果的にチャンネルをいち早く成長させたければ、［インプレッションのクリック率］〔「インプレッション」とはサムネイルが YouTube に表示された回数〕、［平均視聴時間］を伸ばす必要があって、これらによって CPM（Cost per Mile：1,000 名に広告メッセージを伝えるのに要した費用）が上がり、YouTube 収益も増大させることができます。

何度もパソコンを開いてこれらの内容を見るのが煩わしければ、スマートフォンのアプリで主な分析内容を確認することができます。「YouTube Studio」というアプリをダウンロードしてください。いつでも、どこでも、自分のチャンネルレポートを見ることができます。


## 02 著作権には細心の注意を払うこと

実は、オフラインで動画編集の講座を開催すると、依然として、受講生の 30% 程度が違法ダウンロードした Premiere Pro を使用しています。

正規版の Premiere Pro でないと、次々にアップデートされる内容が反映されず、便利な最新機能が使えません。何より新バージョンと旧バージョンはファイルの互換性がないので、私が最新バージョンで提供するプロジェクトファイルは、違法ダウンロードしたバージョンでは開けません。

音楽の場合は、YouTube のアルゴリズムにより著作権に抵触すれば収益創出はできなくなるので、仕方なく無料音源を使いながらも、フォントは有料ファイルを違法に入手して使う人がかなりいるようです。

フォントは、商用利用（収益創出）するのであれば、必ず商用利用可能な無料フォントを使用するか、有料フォントを購入しなければなりません。有料フォントを購入せずに密かに使用する人たちが、フォント会社から訴訟を起こされ、フォント料金の数十倍、数百倍にあたる賠償金を払わなければならない事例もありました。

自分がつくった動画を大切に思うのと同じように、他人の著作物の権利も尊重しなければなりませんよね？

## *03* グローバルパワーの重要性を肝に銘じること

　YouTube は、世界的な市場です。地球の裏側にいる人でも、数回の検索で私の動画を見ることができます。英語が苦手な人でも、英語タイトルと英語字幕を使わないと、チャンネルは一定水準以上には育ちません。常に海外のチャンネル登録者を誘うために努力してください。まだ小さなチャンネルでも、英語字幕は入れることをおすすめします。

　なかなか増えなかったチャンネル登録者数と視聴回数が、突然、爆発的に伸びることがあります。きっとどこかの国で視聴者の目にとまり、おすすめ動画に上がって、その国の視聴者たちが大挙して流入したのです。広告単価が高いアメリカ合衆国などでチャンネル登録が増えれば、視聴回数に応じて収益も自然に増えるはずです。

## *04* 他の人の動画をたくさん見ること

　興味の有無にかかわらず、他の人の YouTube 動画を見るようにしましょう。最近視聴回数が多いのはどんな動画か、人気のあるサムネイルのスタイル、どんなテーマが多いかなど、時々じっくり見てみましょう。

　とても平凡に見える動画なのに、視聴回数が毎回 50 万回ずつあるとしたら、「平凡な動画なのに、なぜあのようにうまくいくのか？」などと考え込む前に、その動画をよく見て、視聴者の心をつかんでいるのはどの部分なのかを分析するのです。動画が長いのが長所の場合もあるし、ささやくような声とか、きれいな映像美など、明らかにその動画だけの特徴が何かあるはずです。自分の動画の視聴回数が思ったより増えないとしたら、いわゆる「人気のある」動画を分析して、自分の動画を振り返ってみればきっと役に立ちます。

## 05　動画はこつこつ一定のペースでアップすること

　これは誰もが口にすることですが、実際には最も難しいのです。動画を
つくり続ける間には、スランプに陥ることや忙しいときもあるでしょう。
でも、少なくとも1週間に1本位は動画をアップしないと、チャンネル
は育ちません。せっかく気に入ってチャンネル登録したのに、動画のアッ
プは不定期で勝手気ままだと、興味が薄れてしまうものです。

　動画は曜日と時間を決めてアップロードするのが一番いいです。「何曜
日の何時はこの人の動画がアップされる日」と、人々の脳裏に刻みつけて
しまうのです。だから、多くのYouTuberがバナー画像にアップロードの
曜日と時間を書いています。毎週締め切りに追われるのが嫌だという方は、
動画を前もって1〜2本多めにつくっておくと、急用ができてもその動
画をアップロードすれば、チャンネルに穴をあけずにすみます。

## 06　序盤48時間を攻略すること

　動画を成功させようとするなら、チャンネル登録をしていない多くの
方々の目に触れるようにしたいものです。おすすめ動画や関連動画などで
よく知られるようになるには、実はアップロード後の48時間が重要です。
48時間の間に、高評価、コメント、視聴回数が多ければYouTubeアルゴ
リズムが「この動画は良い反応を受けている」と分析して、同じキーワー
ドを持つ他の動画よりも上位に上げてくれたり、その動画を評価してくれ
そうな視聴者に対しておすすめ動画にしてくれたりします。

　だから、動画をアップしたら、InstagramやFacebook、ブログなど、自
分が使える他のSNSを通じて、動画アップの情報を広めましょう。You
Tubeにコメントの書き込みがあったら、返信はすぐに。人々の注目を集
められるサムネイルとタイトルは必須！　もうおわかりですね？

おしゃれなライフスタイル
動画撮影＆編集術
Vlog by sueddu

2021 年 10 月 15 日　初版第 1 刷発行

著者　　　　　sueddu（シュットゥ）

翻訳　　　　　村山哲也
翻訳協力　　　株式会社トランネット（https://www.trannet.co.jp/）

デザイン　　　中山正成、椋梨あかね（APRIL FOOL Inc.）
日本語版編集　須鼻美緒

印刷・製本　　シナノ印刷株式会社

発行人　　　　上原哲郎
発行所　　　　株式会社ビー・エヌ・エヌ
　　　　　　　〒150-0022　東京都渋谷区恵比寿南一丁目 20 番 6 号
　　　　　　　FAX　　03-5725-1511
　　　　　　　E-mail　info@bnn.co.jp
　　　　　　　URL　　www.bnn.co.jp

【ご注意】
※本書の一部または全部について、個人で使用するほかは、
　株式会社ビー・エヌ・エヌおよび著作権者の承諾を得ずに、
　無断で複写・複製することは禁じられております。
※本書の内容に関するお問い合わせは、弊社 Web サイトから、
　またはお名前とご連絡先を明記のうえ E-mail にてご連絡ください。
※乱丁本・落丁本はお取り替えいたします。
※定価はカバーに記載してあります。

Copyright © 2020 sueddu (Haeri Park)
Japanese language copyright © 2021 BNN, Inc.
Printed in Japan
ISBN978-4-8025-1228-2